山田俊弘
TOSHIHIRO YAMADA

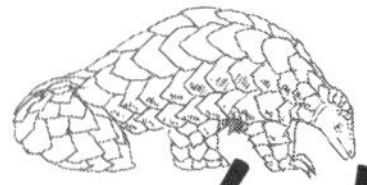

〈絶望〉の生態学

ECOLOGY OF DESPAIR

軟弱なサルはいかにして最悪の「死神」になったか

講談社

装幀◆相京厚史（next door design）
カバー・章扉イラスト◆わたなべひかり
本文図版◆カモシタハヤト・美研プリンティング

はじめに

『〈絶望〉の生態学』という本書のタイトルを見て、驚いた人もいるかもしれません。「生態学という学問には絶望しかない」という著者の意図が込められているに違いない、と深読みした方もいらっしゃるでしょう。

しかし私は、生態学が絶望の学問であるとディスるつもりなどまったくありません。それどころか、30年間にわたり生態学者として研究・教育に従事してきましたが、いまでもワクワクがとまらない魅力的な学問とさえ思っています。

では、いったい何が〈絶望〉なのでしょうか？

本書の主題は〝生物多様性の喪失〟です。現在、人間活動のせいで地球上から生物多様性が急速に失われています。この状況が生物多様性にとって、まさに〈絶望〉ともいうべきものなのです。第2章では、最新のデータを示しながら生物多様性の絶望的な状況を紹介します。

本書ではさらに、生態学の知識、その中でもとくに生物多様性保全と関係の深いものを紹介していきます（第3〜6章）。生物多様性の絶望的な状況の克服を目指し、生物多様性を保全するためには、生態学が間違いなく役に立ちます。

生態学はエコロジー（ecology）の訳語です。日本で（いや、世界中どこでも）エコロジーと聞くと、〝環境にやさしいなにか〟というぼんやりした意味で受け取られがちですが、本来は生物学の一領域を指す言葉です。

この言葉は、ダーウィンの進化論に触れたドイツの生物学者、エルンスト・ヘッケルが、1866年に初めて使ったといわれています。[1] これを生態学のはじまりとするのならば、150年くらいの歴史をもつことになります。

生態学では、「生き物が、それを取り巻く環境やほかの生き物とどのようにかかわっているか」が調べられます。150年以上もこうしたことを研究し続けてきた生態学ですから、この間に積み上げられた知見（生態知）は、ヒトと環境とのかかわりの中で生じる環境問題の解決に貢献することができるのです。

たとえば、生態知を用いて生物多様性が失われた世界を予想することができます。生物多様性の低下は、人間の生活に悪影響をおよぼすことがわかっています。それがどのように、そしてどの程度影響を与えるか、不安を覚える人もいることでしょう。本書では、生物多様性が失われたときに何が起こるのか予想するうえで必要となる生態知を、わかりやすく紹介してゆきます。

生物多様性の喪失あるいは保全は、専門家だけではなく、全人類が真剣に考えるべき課題です。なぜなら、生物多様性保全を効率的に進めるためには、世界中の人びとが現状を把握し、保全の必要性を理解・共有することが必要となるからです。そこで、生物学を専門としない読者にも内容をしっかりと理解していただけるように、なるべく多くの具体例を紹介しつつ、かみ砕きながら説明します。「難しそうだな」と臆することなく、まずは読みはじめてみてください。

かみ砕いたからといって、本書で紹介される生態知が浅はかということではありません。十分に読み応えがあるだけでなく、生物保全を専門とする方や将来生物保全にかかわりたいと思っている学徒にとっても、満足いく内容になっているはずです。


私は仕事柄、大学の授業や市民向けの講演などで、生物多様性の保全の必要性を訴える機会をよくいただきます。そんなとき、私の訴えに対して、「生物多様性保全の重要さは理解できるけど……」と、複雑な反応を示される方もいらっしゃいます。

こうした人たちは、生物多様性の喪失よりも解決を優先すべき問題があると考えているようです。たとえば、人種や性別、年齢などにもとづく差別や、紛争、貧困といった問題です。これらはあってはならないものだと、誰もが理解はしているでしょう。しかし、完全に撤廃されているかといわれると、否定せざるをえません。こうした未解決の問題が人間社会に山積しています。

人間社会にある未解決の問題の被害者は、ヒト（ホモ・サピエンス）というひとつの生物種です。一方、生物多様性の絶望的な状況の直接的な被害者は、ヒト以外の生物です。こうした状況を前に、「人間社会に未解決の問題があり、絶望を感じている人がいる限り、人類はまずそれらの解決に注力し、それらが解決した暁に、生物多様性の保全に着手すればいいのではないか」と考えることもできます。

しかし、この考えには大きな欠陥があります。生物多様性の喪失は、すでに待ったなしの状況にあるという事実がふまえられていないことです。くわしくは第2章で紹介しますが、生物多様性の喪失は、その解決を後回しにできるほど、悠長にしてはいられないのです。

生物多様性の喪失は、生物種の絶滅によりもたらされます。最近の統計では、全生物種のうちおよそ1％が人間活動により絶滅に追いやられてしまったと見積もられています。この数字からは、現時点での生物多様性の喪失はまだ限定的だといえるでしょう。

一方で、生物学者は共通して、生物種の絶滅が今後、加速度的に進むと予想しています。近い将来、大量の生物種が相次いで絶滅する可能性が高いということです。

人類は、一度絶滅してしまった生物種を蘇らせる術《すべ》をもち合わせていません。ですから、生物種の絶滅が進んでしまった後に行動を起こしたのでは、手遅れです。つまり、生物多様性の喪失が限定的な今のうちに、行動を起こす必要があります。「人間社会にある諸問題の解決か、生物多様性の保全か」ではなく、「人間社会にある諸問題の解決も、生物多様性の保全も」と考え、両者を同時に進めなくてはなりません。

生物多様性を絶望に追い込んでしまったのは、私たち人類です。同時に、その状況を変え希望を取り戻す力をもつのも、私たち人類です。生物多様性の置かれた状況を確認しながら、その保全について一緒に考えていきましょう。

目次

章 2 章

章 3 章

序章

環境問題の元凶は人口増加か？

序-1

宇宙船地球号——乗組員が消えていく

ずいぶんと古い話ですが、私の小学校の卒業記念文集には、卒業生のアンケートへの回答を収録するページがあり、その質問のひとつが〝将来の夢〟でした。「なんとなくかっこいいな」というだけの理由で、背伸びをして〝パイロット〟と記入した記憶があります。しかし、パイロットになる夢はすぐに忘れてしまいました。まず書き込んだ理由が不純でしたし、当時の私にはどうやってパイロットになるかさえ見当がつかず、まあ、本気で追う夢ではなかったのでしょう。賞味期限数ヵ月という儚さでした。もちろん、今の私はパイロットではありません。

私はパイロットにはなれなかったものの（「今からでも遅くない」なんて、これっぽっちも思っていません）、宇宙飛行士にはなれていたようです。読者のみなさんも。

地球は閉じている

〝宇宙船地球号〟という言葉があります。アメリカの工学者、バックミンスター・フラーが提唱した概念で、地球を宇宙船にたとえ、人類をその乗組員とみなす考えです。[2] つまり、あなたも私も宇宙飛行士です。

この換喩は言い得て妙です。人類は地球を離れて生き続ける技術を開発できていません。生活の場は地球に限られているということです。いい方を変えれば、人類が生き延びるためには、宇宙船地球号をうまく操縦し、不具合が生じたら修繕するしか選択肢がないのです。

そしてもうひとつ、地球を宇宙船にたとえることで気づかされることがあります。地球は宇宙船と同じで、完全に〝閉じた系〟（外界とエネルギーのやりとりはあっても、物質の流入出のないシステム。〝閉鎖系〟ともいいます）だということです。

フラーは宇宙船の乗組員として人類しか想定していませんでした。しかし実際には、ヒト以外のたくさんの命が地球号に同乗しています。サル、ネコ、トラ、パンダ、ゾウなど、挙げきれないほどたくさんの命です。

近年、地球号ではヒト以外の乗組員の命の数が急速に減少しています。〝生物多様性の喪失〟として知られるこの現象は、主要な環境問題のひとつと見られています。そして、〝生物多様性の喪失〟こそが本書の主題です。

生物多様性の喪失が進む理由は第3章でくわしく紹介しますが、ここでは、「地球は閉鎖系」という観点から生物多様性喪失の理由を考察してみましょう。

ヒトが土地を奪っている？

物質の流入出がない閉鎖系なので、地球上の再生不可能な資源には限りがあります。宇宙船地球号は大きいので、資源は無限に積み込まれているとの思い違いをしがちですが、資源の有限性はれっきとした事実です。ということは、乗組員は宇宙船地球号にある有限の資源をうまくやりくりしなければ、その資源を使った活動を続けられなくなります。

〝土地〟を例にして、資源の有限性について考察してみましょう。化石燃料のように使うとなくなるものではありませんが、生活スペースがなければ生物は生存できないわけですから、土地は人類やその他の命が共通して必要とする資源とみなせます。そして、地球の陸地の面積は限られていますから、土地は有限な資源だともいえます。

人類は居住のためだけでなく、食糧生産や廃棄物の処分、交通のための土地を必要とします。スペースが不足しそうになったら、もともと利用していなかった土地の開発を進めてきました。ヒトが使いやすいように土地の利用形態を変更することを〝土地開発〟といいます。具体的には、自然生態系を破壊して農地を広げたり、居住地を造成したりすることなどです。

地球上の土地の広さはほぼ一定なので、人類が利用する土地の面積を広げれば、ヒト以外の生物が使える土地は減少します。つまり、総面積が決まっている土地を、ヒトとヒト以外の生物が奪い合っているとみなせるのです。必要な土地をヒトに奪われた生物は生きていけません。

こう考えると、生物多様性の喪失の原因は、地球という閉鎖系の中で、ヒトの使う土地が増えてしまったためだと考えることもできるでしょう。もちろん、生物多様性の喪失の理由には、ヒトによる乱獲や病気の蔓延など、土地の奪い合いだけでは説明できない部分もあります（これらの理由についてくわしくは、第3章を参考にしてください）。

罪深き農地拡大

ここで、人口動態について簡単に考えてみましょう（第2章ではもっとくわしく論じます）。ヒトとヒト以外の生物の間の土地の奪い合いの洞察に役に立つからです。

西暦1年の人口は1億7000万人くらいだったと見積もられています。[3] そして、国連経済社会局（UNDESA）によれば、2022年の人口は80億人でした。[4] つまり、ここ2000年間で、ヒトは47倍にも増えたのです。

人口が増えれば、それだけ多くの食糧が必要になります。ヒトは、食糧需要の増加に対し、農地を拡大するなどの対応をとってきました。国連食糧農業機関（FAO）の統計によれば、ヒトが耕した土地の面積は2019年時点で1556万km²にもなります。[5] この面積はなんと、南米大陸全土（1784万km²）に迫る広さです。もちろん、高緯度地域や高標高地域などの極端に寒い場所や、砂漠などの著しく乾燥した地域では農業はできません。こうした気候条件などの制約を考えると、世界中で耕作ができそうな土地の総面積は3000万km²くらいと見積もられています。[6] ヒトはその半分ほどの面積をすでに耕作してしまったということです。

この数字から、「農地の面積を2倍に拡大できる余地がまだある」などと思わないでください。われわれが土地開発によりつくらなければいけないのは、農地だけではありません。居住地をつくらなければなりませんし、道路も敷く必要があります。何よりも、ヒトと作物以外の生物の生息地も確保しなければなりません。土地はヒトだけのものではないのですから。

もし、農地が豊かな自然に見えてしまうとしたら、それは錯覚です。自然を破壊してつくった農地では、農作物の生産に適した環境が整備・維持されます。つまり、作物以外の種、とくに農業生産に悪影響を与える害虫や雑草などは、積極的に排除されます。したがって農地は、多くの動植物たちにとって住みにくい環境なのです。

農業は、人間の生命を維持するために必要な、〝食〟と直結した産業です。ですから私は、農業自体を否定するつもりはありません。しかし、ヒトが耕作地を広げる過程で、住処を追われた動植物たちが大量にいることも事実なのです。この単純な事実を共有したうえで、土地の奪い合いについてさらに検討していきましょう。

序-2

人類が踏みつけた土地

ヒトが土地を開発する理由は、人口の増加だけではないかもしれません。もし生活水準が上昇するなどして、1人あたりの生活を支えるために必要な土地面積が増加しているとすれば、たとえ人口レベルが変わらなくとも、以前より広い土地を開発する必要があります。この「1人あたりの生活を支えるために必要な土地」という視点からの考察には、エコロジカル・フットプリントという概念が役に立ちます。

エコロジカル・フットプリント

〝エコロジカル・フットプリント〟は人間活動が環境に与える負荷を総合的に測る指標で、カナダのブリティッシュ・コロンビア大学で教鞭をとったウィリアム・リースにより開発されました[7]。この指標は1年間に消費される資源の量にもとづいて、国や地域ごとに算出されます。

消費される資源には、動植物から得られる食糧（農作物や家畜および水産物）、木材やその他の林産物、石油や天然ガスなどの化石燃料や、鉄やアルミニウムに代表される金属資源などがふくまれます。加えて、消費に伴い発生する廃棄物も考慮されます。たとえば、ゴミや化石燃料の燃焼により発生する二酸化炭素です。社会や経済、生活の基盤に必要な土地も消費される資源とみなされます。

こうした消費される資源はすべて、自然に由来します。同時に、消費過程で生じる排出物の吸収・分解も自然界の作用に頼っています。つまり、人間の消費活動は、自然資源の収奪や不要となった物質の環境への排出の上に成り立っているのです。

エコロジカル・フットプリントは、消費に伴う自然資源の収奪や排出物の発生による環境負荷

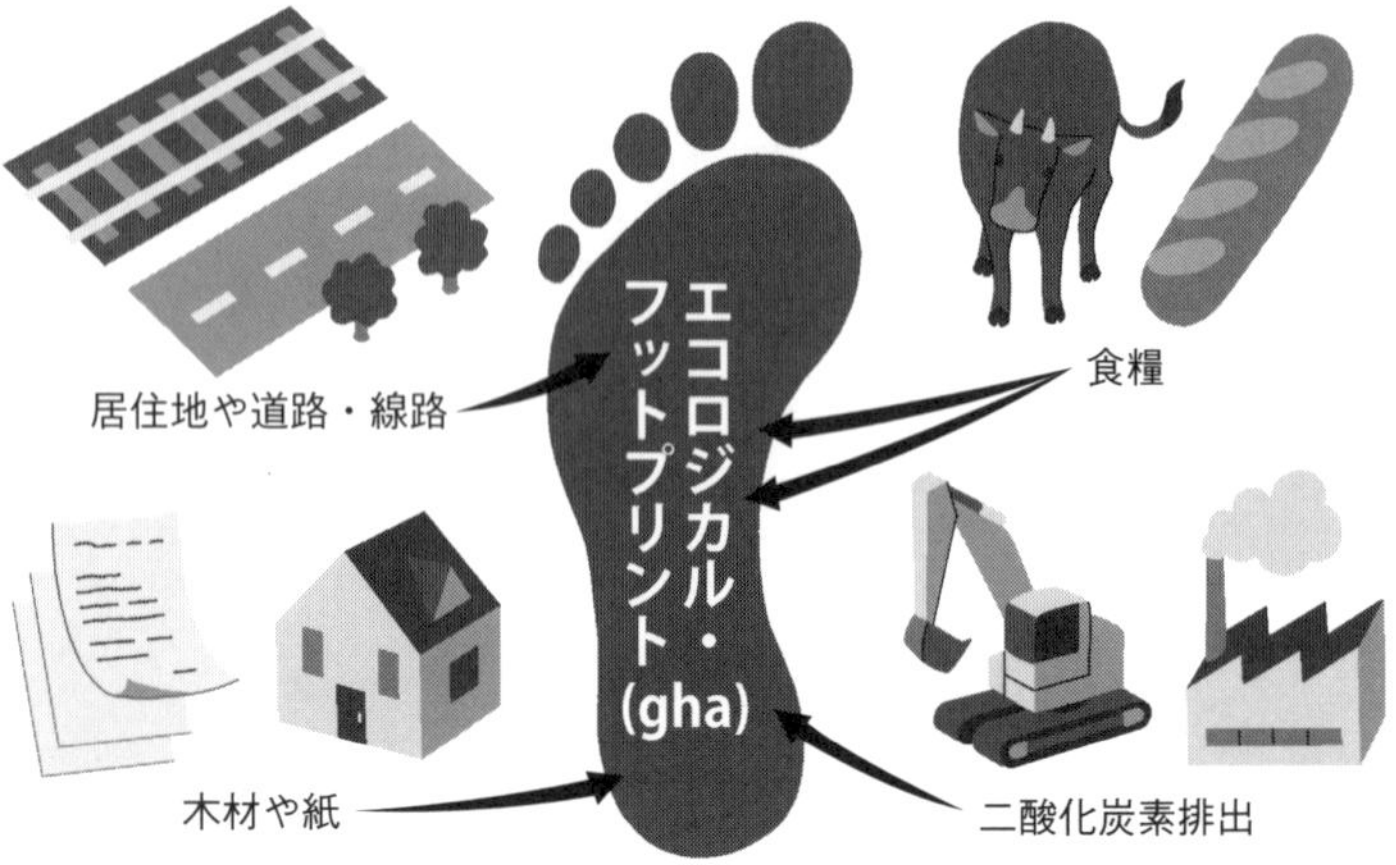

図1▶エコロジカル・フットプリント

を定量化しますが、負荷の定量には一風変わった方法が採用されています。土地面積への換算です。日本を例にして、エコロジカル・フットプリントによる環境負荷の評価方法を説明しましょう（図1）。

最初に、再生可能な生物起源の資源について考えます。たとえば、日本人（日本に住む人をこう呼ぶことにします）が1年間に消費する食糧の統計値から、それを生み出すために必要な耕作地や牧草地の面積が求められます。また、建築に使用された木材の使用量は、その木材の生産に必要な森林面積に換算され、紙の使用量も同様に森林面積に換算されます。このように、各消費活動のエコロジカル・フットプリントとして、再生可能な生物資源が土地面積と紐づけられるのです。

居住のための空間や道路・線路の敷かれた土

地の面積は、自然資源の収奪された土地とみなされ、エコロジカル・フットプリントに直接加算されます。

さらに、エネルギー生産に伴う二酸化炭素の排出にも注目します。日本人の生活がエネルギーの使用に支えられていることは、いうまでもありません。食糧生産や木材生産はもちろんのこと、交通もエネルギーの使用なくして成り立ちません。エネルギーは化石燃料により賄われることがありますが、化石燃料を燃やせば二酸化炭素が大気へ排出されます。

エコロジカル・フットプリントでは、この二酸化炭素の排出量も土地面積に換算されます。森林などの緑地に生える植物は光合成をおこないますが、この過程で大気中の二酸化炭素を吸収・固定します。この事実にもとづき、エネルギー生産のために排出された二酸化炭素を森林に吸収させるとしたら、どれくらいの面積が必要か計算することができます。そして、このようにして求められた森林面積が、排出された二酸化炭素の環境負荷量になります。

非再生資源はどうなっているのでしょうか？　たとえば、金属資源の使用も環境に負荷をかけていることは間違いありません。この金属資源の使用による負荷は、鉱石の採掘や精錬時に用いたエネルギーの生産のために排出された二酸化炭素量に換算されます。そして、その二酸化炭素量は前述の方法で、面積に換算されます。

こうして求めた種々の面積の総和がエコロジカル・フットプリントです。つまり、私たち日本人の消費活動により踏みつけられた面積の合計が、日本のエコロジカル・フットプリントになるというわけです。

日本は大赤字!?

それでは、日本のエコロジカル・フットプリントの値を見てみましょう。いかに私たちが、持続可能ではない生活を送っているかが浮き彫りになります。

2017年の日本のエコロジカル・フットプリントを計算すると、5億9300万グローバルヘクタール（gha）になります。[8]〝ヘクタール（ha）〟が面積の単位で、1haが100m四方の正方形の面積に相当することは、みなさんご存じかと思いますが、〝グローバルヘクタール〟は聞きなれない言葉でしょう。解説しておきます。

地球上の気候（気温や降水量）は、緯度や経度、標高などと対応して変わります。そしてこの変化に応じて、地域ごとに単位面積あたりの生物資源の生産量や二酸化炭素の吸収量も変わります。たとえば、温暖で湿潤な地域の単位面積あたりの生物資源の生産量や二酸化炭素の吸収量は、寒冷で乾燥した地域よりも高くなります。

この事実をふまえて、各国のエコロジカル・フットプリントの計算に、その国の単位面積あたりの生物資源の生産量や二酸化炭素の吸収量を使えばどうなるか、考えてみましょう。仮に、こうして求めたある国のエコロジカル・フットプリント値が他国に比べて大きかったとします。この場合、その大きな値がその国の消費の大きさに由来するのか、その国土の単位面積あたりの生物資源の生産量や二酸化炭素の吸収量の低さに由来するのか判断できません。つまり、国の間での環境負荷量の直接比較ができないのです。

そこで、グローバルヘクタールの登場です。これは、ある国の消費や排出量を吸収するのに必要な土地面積を、世界平均の生物生産力を有する土地を用いて算出したときの面積の単位です。グローバルヘクタールを利用することで、どの地域の環境負荷も標準化されますから、エコロジカル・フットプリントを用いた環境負荷量の国間での比較が可能になるのです。

日本のエコロジカル・フットプリントの話に戻りましょう。エコロジカル・フットプリントが5億9300万ghaといわれても、ピンときませんね。そこで、この大きさを測るための〝ものさし〟を紹介しましょう。〝バイオキャパシティ（生物生産力）〟です。

バイオキャパシティとは、国土が1年間に生産したり、排出物を取り込んだりすることのできる能力を指します。国土に生える植物は、太陽光エネルギーを受け取り、光合成をおこないます。そして、光合成の過程では二酸化炭素が植物に取り込まれ、光合成の結果としてヒトの食糧となるさまざまな有機物がつくられます。この光合成により生産しうる食糧供給量や二酸化炭素の吸収量がバイオキャパシティに換算されるわけです。同じ国土面積であっても、温暖で湿潤な地域にある国のバイオキャパシティは、寒冷で乾燥した地域にある国のそれより大きくなるのがふつうです。

日本国土のバイオキャパシティは7700万ghaくらいと見積もられています。[8] この値が、日本

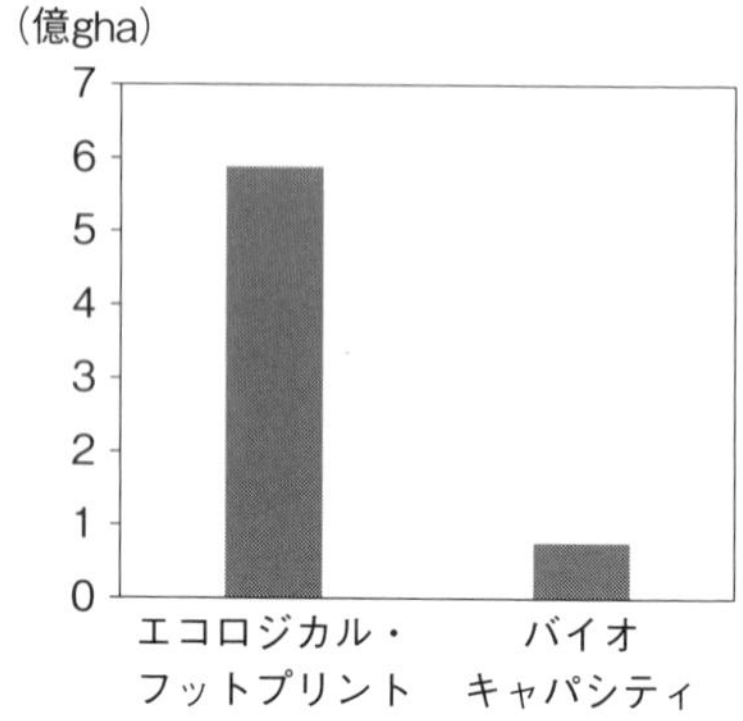

図2▶日本のエコロジカル・フットプリントとバイオキャパシティの比較

国土が太陽光エネルギーを用いて1年間に生産できる資源や吸収できる排出物の量の最大値ということです。したがって、日本における持続可能な消費活動とは、エコロジカル・フットプリントを7700万gha以下に抑えた活動といえます。

ここで、日本のエコロジカル・フットプリントとバイオキャパシティを比べてみましょう（図2）。資源に対する需要（エコロジカル・フットプリント）が供給（バイオキャパシティ）を大きく上回っている、大赤字状態であることがわかるでしょう。〝持続可能〟とはとうてい言いがたい生活を、日本人は送っているということです。

別の見方をしてみましょう。この数字は、現代の日本人の生活を支えるためには、日本の国土7・7個分もの土地が必要なことを意味します。さらにいえば、日本人の生活は、資源を他国に頼ったり（他国の土地を踏みつけている）、国土に許容量を上回る負荷をかけたりしていることの証拠なのです。

環境負荷は増えたのか？

そういえば、本節で検討したかったのは、昔の暮らしぶりに比べて、今の暮らしぶりのほうが環境に負荷をかけているかどうかでした。そこで、日本のエコロジカル・フットプリントを人口で割り、日本人１人あたりのエコロジカル・フットプリントを求めてみましょう。これは、平均的な生活を送る日本人１人の消費を支えるのに必要な面積です。そして、その値を今と昔で比べることで、日本人１人あたりの生活が環境へ与える負荷の大きさの変化を見てみましょう。

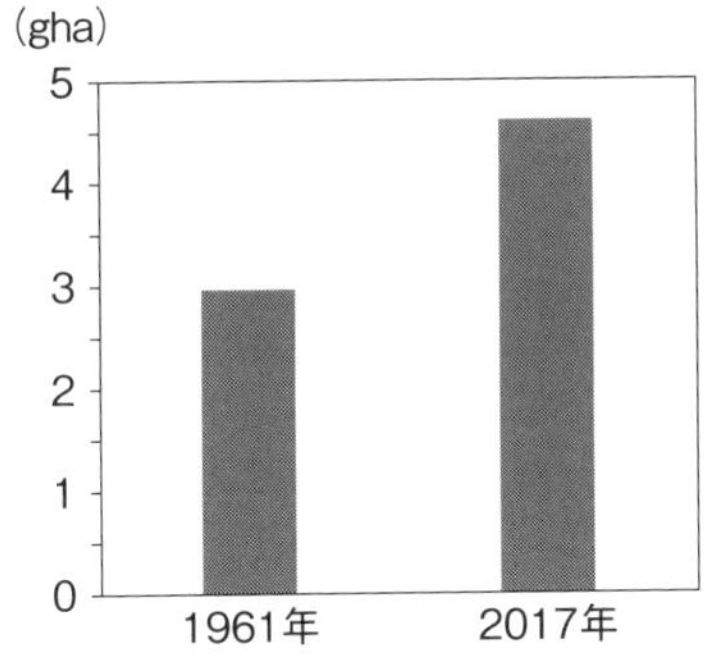

図3 ▶ 日本人1人あたりのエコロジカル・フットプリントはどれだけ増えたのか？

２０１７年の１人あたりのエコロジカル・フットプリントは４・７５ghaでした[8]。各国のエコロジカル・フットプリントが初めて算出されたのは１９６１年なので、当時と比較してみましょう。１９６１年の日本のエコロジカル・フットプリントを１人あたりの値に換算すると、２・９６ghaになります[8]。つまり、この60年弱の間に日本人は、１人あたりの消費による環境への負荷を１・６倍に増やしていたのです（図3）。現在の日本人１人の暮らしを支えるために必要な土地面積は、１９６１年のそれに比べて１・６倍も広いということです。

1961年以前のエコロジカル・フットプリントは見積もられていませんが、大ざっぱな推定は可能です。産業革命前の人類の資源消費は今よりずっと少なかったはずですし、農業を開始する前（狩猟・採集生活をしていたころ）の環境負荷は、地球にとって取るに足らないレベルだったはずです。人類の歴史全体を見ても、現代人の暮らしぶりは環境への負荷がきわめて大きいと推測できます。

序-3

危険な思想——増えすぎた命は減らすしかない!?

世界人口が増加したのは事実です。人びとの暮らしぶりも変わりました。そして、こうした変化は生物多様性の喪失をふくむ地球環境問題をもたらしています。この状況を知り、環境問題解決の糸口が人口にあると考えた読者もいるかもしれません。

ここで、大ヒットした映画、《アベンジャーズ：インフィニティ・ウォー》や《アベンジャーズ：エンドゲーム》のキーキャラクター、サノスに登場してもらいましょう。サノスは、これらの映画のヴィラン（villain：悪役とか怪人の意）で、土星の衛星のひとつ、タイタンを故郷にもつ宇宙人です。彼はある過激な思想の下、殺戮をおこなっています（この映画世界では、地球だけでなくタイタンやほかの天体でも多くの生命が育まれています。宇宙には地球人とは異なる〈けれどよく似た〉姿の知的生命体もいるのですが、サノスは彼・彼女らをランダムに殺して回っているのです）。

サノスの思想とは、「環境破壊の元凶は増えすぎてしまった人口であり、限りある資源や美しい環境を守るために、増えすぎた生命を無差別に半減しなければならない」というものでした。最悪なのは、ある条件の下でサノスが指をパチンとはじくと、いとも簡単に彼の夢がかなってしまうことです。つまり、彼の指パッチンにより、瞬時に宇宙の生命の半数が消滅するのです。

理由はともあれ、生命を奪うなどとうてい容認できません。そこで、人間離れした戦闘能力をもつスーパーヒーロー集団〝アベンジャーズ〟の出番です。アベンジャーズは、サノスによる殺戮から生命を守ることを決意し、彼と戦うことを選びます。アベンジャーズとサノスのくり広げる死闘が、これらの映画のクライマックスです。

サノスは、荒廃してしまった彼の故郷タイタンで、アベンジャーズの一員であるドクター・ストレンジと対峙します。このとき、サノスはドクター・ストレンジに自分の野望を吐露するのですが、その中で「生命の半減は、（生き残った者たちへの）慈悲だ」とまでいいます。彼の信念が込められた言葉です。これに対してドクター・ストレンジは、「それは慈悲ではない。ただの虐殺だ」と一蹴し、戦いがはじまります。

本書で注目したいのは、この戦いの行方ではありません。仮にサノスが勝利し、彼の望み（生命の半減）が実現したとして、本当に環境問題は解決するのかを考えてみたいのです。残念ながら、生物学者はそうは考えないでしょう。生態学の理論によれば、命の半減では何も解決できないばかりか、それにより新たな問題が生じることが強く予想されるからです。

「SF映画の架空の設定にまじめに付き合う意味はあるのだろうか」と思われるかもしれません。しかし、生命半減の効能は、生態学が培ってきた知識（生態知）や法則を用いなければ予想することができません。逆にいうと、サノスの〝生命半減案〟は、難解な生態学の理論をわかりやすく伝えるための最適な教材になりえます。

本書はこの先、最新の統計を用いながら生物多様性喪失の深刻さを紹介していきます。そして、ときにサノスの命の半減のアイデアに触れながら、保全に役立つ生態知を紹介していきます。

第1章

環境問題の構造

―"共有地の悲劇"は回避できない!?

この章では〝共有地の悲劇〟について考えます。この言葉は倫理学や経済学、社会学、政治学などの人文系の学問で登場することが多いのですが、じつはある生態学者が提案したモデルです。生物多様性の喪失をふくむ多くの環境問題の議論において、このモデルが役に立ちます。

とはいえ、共有地の悲劇という字面だけでは、それが意味するところはほとんど伝わってきません。〝共有地〟とは何を指すのでしょうか？　共有地はどうして、そしてどんな〝悲劇〟に見舞われるのでしょうか？　人類は悲劇を回避する術をもっているのでしょうか？　本章では、こうした疑問に答えていきます。

序章で考察したように、人口増加は生物多様性喪失の遠因になっています。この章では、共有地の悲劇のモデルを用いて〝人口問題〟も論じます。* 共有地の悲劇の視点から人口問題を眺めると、いったいどんなドラマが見えてくるでしょうか？　そこにあるのは悲劇でしょうか、それとも喜劇でしょうか……。

＊人口問題は一般的に、人口が原因となるさまざまな社会問題を指します。人口減少が理由の社会問題も人口問題にあたりますが、本書では「人口が増えることで生じる問題」と定義します。

1-1

共有地の悲劇とは——合理的な行動が招く大問題

「共有地の悲劇（The Tragedy of the Commons）」と題された論文が、アメリカの有名な科学雑誌『サイエンス』に掲載されたのは1968年のことでした。[9] この論文で紹介された共有地の悲劇の概念は、環境問題を理解し、その解決策を講じるうえで大変役に立ちます。本節では、共有地の悲劇の概念を紹介します。

生物学者が書いた異様な論文——図表がない!?

あなたもきっと、〝共有地の悲劇〟という言葉をどこかで見聞きしたことがあるのではないでしょうか。もしかすると、「共有地の悲劇の考え方ならばすでに十分理解しているから、改めて説明してもらう必要はない」と思われた人もいるかもしれません。

共有地の悲劇の概念は知名度が高く、社会に浸透しているという事実は否定しません。しかし、たとえ共有地の悲劇の概念を知っていたとしても、原論文までさかのぼって読んだことのある人は案外少ないのではないかと予想します。共有地の悲劇は有名であるがゆえ、その解説文が教科書のみならず巷《ちまた》に溢れています。そして、共有地の悲劇という概念を理解している、という人の多くはそうした解説文を通して学んでいるのではないでしょうか。

しかし、解説文が原論文を忠実に紹介しているとは限りません。もちろん私が知る限り、解説文のほとんどは共有地の悲劇の概念をうまく説明しています。けれども、原論文が試みた、（この概念を利用した）人口問題への洞察にまで踏み込んだ解説文には、私は出会ったことがありません。

そこで本章では、共有地の悲劇の概念を解説するだけでなく、同じ論文で示された、共有地の悲劇モデルを用いた人口問題への洞察も紹介します。

この論文の筆者であるギャレット・ハーディンは、カリフォルニア大学サンタバーバラ校で生態学の教授を務めました。彼が、環境問題を生態学の視座から眺めて分析した論文が「共有地の悲劇」だったのです。

可能ならば、ぜひ原論文を開いてみてください。違和感を覚えるはずです。

一般に、〝理系〟に分類される分野の論文には、必ずといっていいほど図表が掲載されています。論文における図表は挿絵ではありません。実験や観察の結果や、筆者の主張を伝えるカギの役割を担う存在です。どんなに内容が概念的でも、図表がひとつもない論文には、まずお目にかかれません。

対して、6ページからなる「共有地の悲劇」には、図表がひとつも現れません。理系の分野で純粋培養された私は、この論文を初めて開いたとき、「えっ、図表がひとつもないの⁉」とたじろいだことを覚えています。

読み進めてみると、さらなる驚きに襲われました。論文中には〝遺伝〟や〝環境収容力〟といった生物学の用語が登場するのですが、それを使って説明しようとする対象は自然現象ではなく、社会の問題、とくに環境問題や人口問題だったからです。

次項から、その中身に踏み込んでいきましょう。

合理的な行動

まずは、発表当時まったく新しい概念であった、共有地の悲劇の考え方を紹介します。

共有地の悲劇は一般に、「誰もが自由に利用できる有限な資源（共有資源）は、枯渇する運命から逃れられない」と理解されます。原題の〝commons〟を直訳すると〝共有地〟になりますが、論文の文脈から考えると、〝共有状態にあるあらゆる資源〟が射程に入ります。

ハーディンは論文の中で、「共有資源が枯渇するという不幸そのものが〝悲劇〟なのではない。枯渇することがわかっていながらも、その不幸に向かって突き進む以外の道を選べないことが〝悲劇〟なのだ」と述べています。共有資源の枯渇は構造的で不可避な〝悲劇〟だという主張です。いったいどういうことでしょうか？

ハーディンは自説をわかりやすく説明するために、共有状態にある牧草地とそこに放たれる牛の比喩を用いました。ここでも、その比喩を使いましょう。

共有状態ですから、この牧草地は複数の（そしてお互い顔を知らない）牧人により利用されています。こうした状況設定からはじめて、この牧草地の破壊（共有資源の枯渇）が不可避であるという結論を導きますが、重要なのは、「それぞれの牧人は合理的にふるまう」という前提です。ここでいう合理的とは、「自分の利益を極大化する行動原理」を指します。ここが最重要ポイントなので、よく覚えておいてください。

さて、当たり前ですが、牧草地では牧草を生産することで牛を養い、十分に育った牛を売ります。そして、これも当たり前ですが、面積一定の牧草地が生産できる牧草の量には限りがあります。ここでは、牧草地が生産できる牧草の量の上限を〝生産量〟と呼ぶことにしましょう。

生産量が有限なのですから、それにより養うことのできる牛の数も当然有限です。ある牧草地に、牛を無制限に詰め込むことなどできません。これも当たり前ですね。

では、何頭の牛を牧草地に放つのがもっとも合理的でしょうか？　もし私有の牧草地ならば、牧草地の所有者は、牧草地の生産量に見合っただけの牛を放つことでしょう。これより少ない数の牛ならば、牧草が余るのでもったいないです。また、これより多い数の牛を放てば（過放牧）、牧草地が過剰に牛に利用されて、結果として牧草地が荒廃してしまうばかりか、食料の足りていない牛はやせ細り、高値がつきません。したがって、牧草地の生産量に見合っただけの牛を飼うことが合理的なのです。

合理的な人間が集まると……

しかし、共有状態にある牧草地では様子が異なります。牧草地の生産量に見合っただけの牛がすでに放たれている状態を想定しましょう。そして、牧人になったつもりで、次の問題を合理的に考えてみてください。

「私が牧草地に牛をもう1頭放った場合、どれだけの利益（もしくは損失）を得る（被る）だろうか？」

まずは利益を考えてみましょう。1頭増えた牛の売却益は、そのまますべてあなたに入ります。けっこうよい実入りが期待できるでしょう。

しかし、いいことばかりではありません。先に紹介したとおり、この牧草地に牛をさらに放てば、〝過放牧〟の状態に陥ります。つまり、個々の牛の食料が不十分となり、牛の商品価値が下がるうえ、牧草地も荒廃するという結果を招くのです。損失が発生します。

ただし、あなただけがすべての損失を背負い込むわけではありません。牧草地を利用しているすべての牧人たちで頭割りすることになります。全体の損失を頭割りした分が、1人あたりの、つまりあなたの損失です。

ここで、利益と損失を比較してみましょう。あなた以外の（牛を追加で放たなかった）牧人は、何の実入りもなく損失だけが回ってくるので、大損です。しかし、牛を1頭多く放ったあなたに限れば、頭割りされた損失量よりも、牛を放つことによって得られる売却益のほうが、大きくなります（必ずそうなるとは言い切れませんが、ここではそう考えましょう）。結局、あなたにとっては、「自分の牛をもう1頭放ったほうが合理的だ」という結論になります。

この結論は、あなただけでなく、その牧草地を共有するすべての牧人に当てはまります。「自分の牛をもう1頭放ったほうが合理的だ」という結論は、牧人全員にとって正しいのです。こうして、利益を追求する合理的な牧人たちにより、牧草地には牛が際限なく放たれ、この共有地は荒廃の一途をたどります。これが、共有地が迎える避けることのできない悲劇です。

共有地の悲劇の肝は、「それぞれが合理的に考える」という前提にあります。なぜならば、この前提から、「共有地の破壊が合理的な判断の帰結である」と解釈できるからです。要するに、共有地の破壊が将来悲劇を招くとわかっていても、合理的に考える限りは、その行為をやめられないのです。

環境を破壊する人を見ると、私たちは、「環境に配慮できない愚か者だ」とか、「環境の重要性を理解できない未熟者だ」などと、その人を不合理だと考えてしまいがちです。しかし、共有地の悲劇モデルに従って解釈すれば、「合理的な人間が、合理的にふるまった結果が環境破壊だ」と考えを改めることになります。

悲劇を回避する方法

共有地の悲劇モデルは、有限資源のオープンで自由な利用がすべての者に破滅をもたらすことを予想します。それでは、この悲劇への対応策を考えてみましょう。共有地の悲劇を回避するのは、かなり厄介であることに気がつくはずです。

共有地を破壊する者は、それが悪いことだとわかってはいながら、破壊を止められないのでした。ですから、「その行為は環境破壊につながるのだから、やめたまえ」と諭したとしても、誰も耳を貸さないでしょう。きっと、「そんなことは十分承知しているよ。でもね、こうすること（環境破壊）がいちばん合理的（自分の利益の極大化につながる）なんだ」と反論されておしまいです。この状況では、説得による悲劇の回避は見込めません。

結局、悲劇を回避する方法はないのでしょうか？　じつはハーディンは、共有地の悲劇の解決策も明確に与えていました。

ハーディンは、説得や思考態度の変更に解決策を求めませんでした。この悲劇の元凶は資源管理システムにあると考え、共有による資源管理をただちにやめるべきだと説きました。共有以外の資源管理の方法には〝公有〟と〝私有〟があります。ハーディンは、共有地の悲劇を回避する具体的な方策として、共有資源の公有化（法令により資源の利用を取り締まること）や私有化が必要だと主張したのです。そして、共有資源があるのならば、ただちに管理システムを改め、公有化あるいは私有化しなければ、共有地の悲劇による資源の破壊を回避できない、と結論しました。
なるほど、資源の共有をやめてしまえば、それにまつわる悩みも消えるということですね。

1-2

人口増加が引き起こす問題を探る

前節では、牧草地と牛の比喩を使って共有地の悲劇の概念を説明し、ハーディンの考えた悲劇を回避する方法（の方向性）を紹介しました。ここまでの内容は有名ですが、原論文のすべてではありません。共有地の悲劇の概念があまりに上手に共有資源の破壊を説明できていたため、原論文からこの部分だけが切り取られ、あたかもそれが〝すべて〟であるかのように紹介されてきてしまいました。

ですが、ハーディンがこの論文で本当に示したかったのは、人口問題への洞察でした。この6ページほどの短い論文のうち、最初の2ページが（〝牧草地と牛〟のたとえ話をふくむ）共有地の悲劇の概念の紹介に使われています。そして残りの大部分は、〝共有地の悲劇モデル〟にもとづく人口問題の洞察に割かれているのです。ちなみに、「共有地の悲劇」の論文の副題は、「人口問題には技術的解決方法はない：道徳観の根本的な見直しが必要だ」です。

ハーディンは、人口増加が共有地の悲劇モデルにより説明しうることを発見しました。しかし、この主張に対していささかの疑問も残ります。本当に人口増加は、〝共有地の悲劇〟によりもたらされているのでしょうか？　ここで、ハーディンがそう考えた根拠を紹介しましょう。

人類はいまだに食糧不足

「共有地の悲劇」論文が書かれた1960年代は、途上国を中心に人口が爆発的に増えていました。当時に比べればいくぶん鈍りましたが、いまだに人口は増加し続け、2022年11月、世界人口は80億を突破しました。日本では人口が減少傾向にあるので、人口増加といわれてもピンとこないかもしれませんが、世界人口統計は日本以外のどこかに、人口が急増している地域があることを明示しています。[4]

人類は増え続ける人口を支えようとして、農地を広げたり、単位面積あたりの食糧生産量を上げようとしたりしてきました。しかし、そうした努力もむなしく、人類はいまだに食糧不足に苛まれています（このことも、食べ物にあふれた日本に住んでいるとピンとこないかもしれません）。

国連の世界人口推計によれば、世界には、その日の食べ物にありつくことさえままならない、極度な貧困状態にある人が8億人以上もいるそうです。この事実は、人口に見合っただけの食糧生産ができていないことを示す一例です（実際には、食糧の生産量だけでなく、生産された食糧の不均一な分配も局所的な食糧不足の原因になりますが、ここでは食糧の生産量に注目して話を進めます）。これを〝食糧問題〟と呼ぶことにします。食糧問題は人口問題のひとつといえるでしょう。

人口が増えている地域では、養いきれないほど多くの子どもが生まれている現実があります。食糧問題を抱える国や地域では、住人が食糧不足にあえぐ一方で、人口の増加も見られることがほとんどなのです。つまり、すでに食糧難にある家庭が子どもの数を増やしているということです。少し奇妙にも見える、食糧難の状況下で家族を増やす選択について検討を進めましょう。

〝子だくさん〟は不合理？

食糧問題を単純化してとらえるために、ひとつの家庭を考えましょう。

養うことができないほど子どもの数を増やすことは、常識的に考えて得策ではありません。家庭の経済が破たんし、子どもを育てきれないどころか、親の生活も危ぶまれるからです。不合理といわざるをえません。

論文中でもハーディンは、こうした家庭の行く末を心配しています。彼は鳥類に関する研究結果を引用し、「自然界では、養いきれないほど多くの子どもを産みすぎた親は、子どもに十分な世話ができないため、むしろ子孫の数が減る」（多産戦略をとる鳥の家族は淘汰される）と論じていますそういいながらも彼は、「人間は鳥ではない」と、この考えをばっさりと切り捨ててしまいます。鳥についての研究成果がヒトにも当てはまるとは限らない、という意味です。

では、多産の家庭に話を戻しましょう。なぜ彼らは不合理な行動をとってしまうのでしょうか？ 育てられないリスクを抱えたとしてもなお、子どもを増やすことが親に利益をもたらす（と期待できる）からだ、とハーディンは考えました。つまり、彼らにとっては、子だくさんはあながち不合理ではないということです。

ハーディンの慧眼を裏づける調査結果もあります。インド・パンジャブ地方で1950年代から60年代にかけて、アメリカのロックフェラー財団とインド政府が共同でおこなった人口抑制に関する社会実験です。[10] 実験では、この地方に住む人びとに人口抑制の必要性が教えられたのち、避妊具や避妊薬が渡されました。これによって、出生率が大幅に下がると期待されていたのです。

しかし、結果からいうと、避妊具や避妊薬が配られた村とそうでない村とで、出生率はまったく変わりませんでした。村人は避妊具や避妊薬を使わなかったということになりますが、それではなぜ彼らは避妊を控えたのでしょうか？ 理由は単純です。彼らは人口抑制の必要性を理解しながらも、もっとたくさんの子をもつ必要があるとも考えていて、後者を重視したのです。

村人は共通して貧困を抱えていました。そんな彼らが生き抜くためには、労働力に代表される生産コストをなるべく抑えながら、農作物をつくらなければなりません。そこで彼らが目を付けたのが、〝わが子〟でした。つまり、彼らからすれば、子は賃金のかからない労働力だったわけです。さらに悲しいことに、彼らは子を増やし労働力を上げなければ、自身の生活さえ支えきれないという状況にありました。

食糧難に苦しむ親は、自らの利益を得るために、多産という戦略をとらざるをえなかったのです。そしてその戦略は、子どもが育って働けるようになれば、それだけ多くの収入が見込めるという考えにもとづいています。

一方で、家庭の外（地域住民や国民、ひいては地球人全体）から見れば、多産は不都合です。すでに食糧が不足している状況で、さらに子どもが増えれば、その分多くの食糧が必要になるのですから。それでもなお、両親は多産の戦略をやめられません。なぜならば、「自分の利益を極大化させる」という基準にもとづけば、多産がもっとも合理的な戦略だからです。この構造はまさに、共有地の悲劇です。人口増加はつまり、子どもの数と関係した共有地の悲劇だったのです。

以上の考察は、〝牧草地と牛〟の比喩の牧草地を地球に、牧人を両親に、牛を子どもにそれぞれ置き換えると、わかりやすいかもしれません。

結局のところ、多産が家庭の利益と結びついている限り、（食糧不足の状況における人口増加が悪いことだとわかっていたとしても）各家庭は子づくりをやめられないのです。

技術的な解決は望めないのか？

ハーディンは、この状況をふまえて人口問題の解決方法を探りました。そして、人口増加は姿を変えた共有地の悲劇なのだから、〝人口の公有化〟しか解決の道はないと主張したのです。人口の公有化など、多くの読者にとって聞いたことのない話だと思います。これは、法令により出産を規制するという解決策です。

提案自体はわかりやすいものではあるものの、少し（かなり？）違和感があることも確かです。人口の公有化以外にも、人口問題への解決策を探ることができる気がするからです。食糧が不足していることが至近的な問題なのですから、食糧の増産で解決できないでしょうか。もしこの考えが妥当ならば、人口の公有化に頼ることなく、食糧増産技術により食糧問題を解決することができます。

しかしハーディンの見立てでは、技術により食糧生産を増やすという解決策には構造上の欠陥があるため、うまくいかないというのです。ハーディンがその見立てを発表したのは、「共有地の悲劇」論文ではなく、1974年に出版された「救命ボートの倫理」という論文です[11]。彼が技術では人口問題を解決できないと考えたのには、2つの理由がありました。

ひとつ目の理由は、食糧以外の資源不足です。食糧生産を増やすためには、より多くの資源やエネルギーを投入する必要があります。もっと具体的にいえば、化学肥料や農薬の大量使用やトラクターなどの農業機械の使用が必要です。これらが何よりも優先されることになれば、食糧生産以外に使用可能な資源やエネルギー量が制限されてしまうでしょう。ということは、たとえ食糧を十分に賄えるようになっても、食糧以外の資源が不足してしまうことになります。その結果、食糧以外の資源をめぐり、人口問題が顕在化すると予想され、根本的な解決になりません。

もうひとつの理由は、共有地の悲劇には（資源の公有化と私有化以外には）回避する手段がないことに由来します。食糧の増産という手段も例外ではありません。食糧難にあえぎながら多産の戦略を採用する人びとに、十分な食糧を供給できたとして、何が起きるか考えてみましょう。

先ほど、食糧問題を抱える国や地域では人口増加が見られると書きました。実際には、人口があるレベルを超えると、食糧不足のため人口増加は鈍ります。子どもを増やしたいけれど、食べ物が不足して、望むようには増やせないという状況に陥るからです。言い換えると、その国や地域で利用できるすべての食糧を人口で頭割りした〝1人あたりの食糧の量〟が、〝1人が生存するために必要最低限の食糧の量〟と等しくなるレベルまで、人口は増えるというわけです。

その状況で、食糧増産に成功したとしましょう。それまで、食糧難が足かせとなり、思うように子どもを増やせなかった家庭に、新たな食糧が供給されるはずです。すると当然、その家庭は新たに子どもをもうけることでしょう。こうして食糧の増加は、人口の増加を引き起こします。そして、人口の増加は、〝1人あたりの食べ物の量〟が食糧増産以前のレベル（必要最低限）に達するまで続きます。

すなわち、食糧の増産は人口の増加をもたらすだけで、食糧難を解決することはできないのです。それどころか、人口が増えた分だけ、食糧難にあえぐ人が増えてしまうことになります。

これが、どれだけ食糧生産を増加させたとしても食糧問題の解決にはならない、とハーディンが主張した理由です。

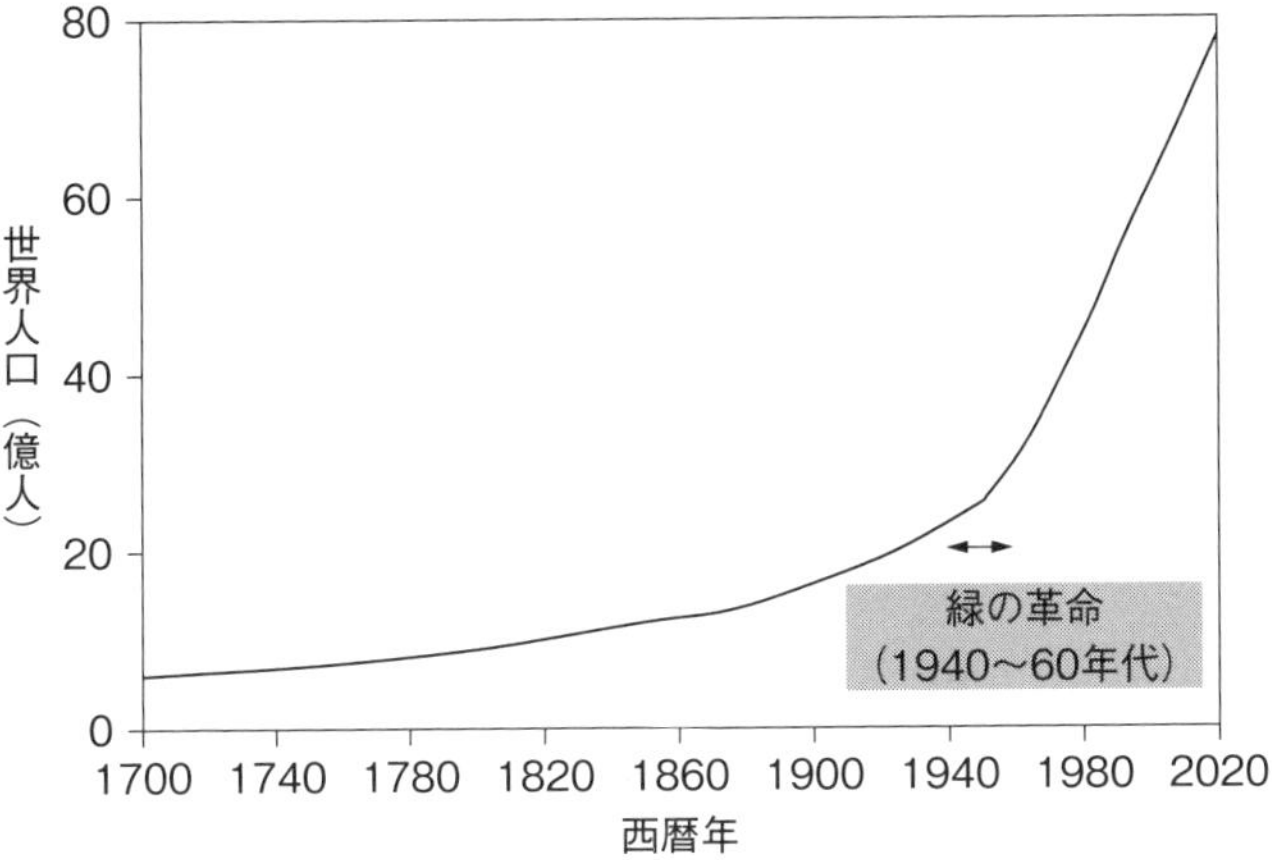

図4 ▶ 世界人口動態[3,4]

緑の革命がもたらしたもの

ハーディンの主張を支持する事実があります。食糧問題を解決するために食糧増産を進めた結果、解決どころか問題が拡大してしまった事例です。

食糧増産には大きく2通りの方針があります。農地を広げることと、単位面積あたりの収量を増やすことです。

後者の方法で食糧増産を狙った有名なキャンペーンに、1940年代から1960年代にかけて世界各地でおこなわれた〝緑の革命〟があります。高収量品種の改良と導入、そして化学肥料の大量使用などにより、穀物の大量増産を目指すものでした。とくに有名な成果として、ロックフェラーとフォードの2財団の援助を受け1962年にフィリピンで設立された、国際イネ研究所（I

RRI）が1965年に開発した新品種が挙げられます。この〝ミラクル・ライス〟とも呼ばれる新品種のコメは、単位面積あたりの収量の画期的な向上に貢献しました。

努力のかいあり、多くの地域で緑の革命による穀物の大量増産自体は達成されました。それでは、食糧増産により、食糧問題は解決したでしょうか？　図4の世界人口動態を見ると、緑の革命と時を同じくして、世界人口の急激な増加がはじまっています。緑の革命がもたらしたのは食糧問題の解決ではなく、人口増加だったのです。ハーディンはこの状況に対し、「緑の革命は人口増加の火に油を注いでしまった」という考えを、「救命ボートの倫理」の中で示しています。

食糧増産で食糧問題を解決することなどできません。無限に増えようとする人口を賄うことを可能にする、無限の食糧を生産する技術などあるはずもないのですから。

1-3 人口増加を止める方法——出産の自由は制限可能か？

どうやら人口問題を技術的に解決するのは不可能です。しかし、人口問題は共有地の悲劇だとするハーディンの発見から、その解決策を見いだすことができます。なにせ、共有地の悲劇の回避策は、あらかじめハーディンにより与えられているのですから。

1－1節の最後に述べた内容をおさらいしておきましょう。共有地の悲劇を回避するためには、資源の共有をあきらめて、公有化もしくは私有化するしかないのでしたね。

人口問題が共有地の悲劇だとするならば、それを回避するための資源の公有化・私有化とは具体的に何をすることでしょうか？　それは実行可能でしょうか？

それって人権侵害？

ハーディンは、共有地の悲劇を回避する2つのオプション、すなわち公有化と私有化のうち公有化は実施可能だと考えました。そして、公有化の実施方法として、法令により各家庭の子どもの数（とくに上限）を規制するという考えを提案しました。わかりやすくいうと、これは出産の自由の制限です。子どもの数の決定を各家庭の親に任せれば、親は自身（家庭）の利益を求めて子どもを増やしてしまいます。子どもの数に上限を設けることで、この状態が避けられます。

ハーディンらしい、理路整然とした結論です。「なるほど！」とひざを打って、〝人口の公有化〟という彼のアイデアを受け入れてしまいそうですが、この提案に乗るのは得策ではありません。というのも、この提案は繊細で重要な問題と密接に関連しているからです。ここで考えなければならないのが、人類が育ててきた〝人権〟の感覚です。

人間は、一人ひとりが尊重され、平等に扱われ、自由な意思にもとづいて生きることができなければなりません。このために必要となる、生命・自由・財産・健康・平等に関することを権利として保障したものが人権です。では、誰が誰に対して人権を保障するのでしょうか？　ふつうは、国家が国民に対して人権を保障します。そして、国家により保障された国民の人権は、〝基本的人権〟と呼ばれます。基本的人権が国家により守られていることで、国民は人間らしい生活を送れるというわけです。

国家により守られている基本的人権の例として、日本国憲法を見てみましょう。日本国憲法は、自由に、平等に、人間らしく生きる権利を保障しています。この考えのもと、より具体的な多くの権利が国民に与えられていますが、そのうちのひとつが、〝出産に関する自由〟です（日本国憲法中に明文化されてはいませんが、幸福追求権にふくまれると解釈されます）。つまり、日本国民は子どもを産む自由も産まない自由も有し、子どもの数についてのいっさいの選択と決定は、その家族にのみ絶対的に帰属しているということです。この権利を保障すれば、出産する・しないの選択を他人から強制されることを避けられます。私自身、これは人間らしく生きるためには絶対に必要な権利だと思っています。

以上は日本国民限定の議論でしたが、人権は日本国民のみならず、世界中のすべての人がもつべきものです。そこで国連は、１９４８年に世界人権宣言を採択し、世界中の人びとがもつべき基本的人権を明確に示しました。その第16条には、「家庭は、社会の自然かつ基礎的な集団単位だ」と明確に規定されています。そしてこの規定から、世界のすべての人が〝出産に関する自由〟をもつと理解されます。

さて、ここで改めてハーディンの提案を見直してみましょう。それは、出産の自由を制限し、法令により出産数を管理しようというものでした。この提案は人権を制限するもので、国連の世界人権宣言や日本国憲法の条文と相容れません。

人間が人間らしく生きる権利が人権ですから、それに真っ向からぶつかる提案は、とうてい受け入れられないでしょう（少なくとも私はそう思います）。人口の公有化が人権を制限する提案であることは、ハーディンも理解していたはずです。それでもなお彼は、出産の自由を保障することには共有地の悲劇の観点から問題があり、人類はその自由を放棄すべきだと主張したのです。

良心に訴えると、良心が消える

ハーディンが提案した、法令による人口増加の抑制は、人権の感覚から実施困難といわざるをえません。人口問題を解決するには別の方法が必要です。

そこで、人びとの良心に訴えるという方法はどうでしょうか？　つまり、世界規模のキャンペーンをしかけ、「子どもを産みすぎることは地球環境に大きな負荷をかけます。各家庭で子どもの数を自制してください」と、子づくりを控えてもらうよう呼びかけるのです。

ハーディンはこの方法も愚策だと、「共有地の悲劇」論文の中で主張しています。彼がそう訴える根拠は遺伝学にあります。この議論では、彼の生物学者としての真骨頂が発揮されます。

生物学者は、生物のもつ性質は、遺伝により親から子へ引き継がれると信じています。このことからハーディンは、〝良心〟とか〝子どもがほしいという気持ちを自制する性質〟が遺伝することを前提としました。大ざっぱにいうと、良心をもつ親からは良心をもつ子が生まれ、自制心の弱い親からは同じ性質をもつ子が生まれるという前提です（なお、〝良心〟とか〝子どもがほしいという気持ち〟といった言葉は、原著でハーディンが使っていたものです）。

さて、出産の自制を良心に訴えたとしましょう。その訴えを聞き入れるのは、良心にもとづき自制ができる性質をもった家庭です。一方、子どもをつくることを自制できない家庭は、子づくりを控えようという訴えを聞き入れません。

その結果、次の世代の性質には変化が生じます。まず、良心にもとづき自制できる家庭が子づくりをひかえるので、良心や自制という性質は次の世代に伝わりにくくなります。対して、自制ができない親は子をつくり続けるので、同じように自制できない子がキャンペーン以前と変わらず生まれてきます。つまり、次世代では自制できない人の割合が高まるということです。

つまり良心に訴える方法は、〝良心〟をこの世から消し去る〝淘汰のシステム〟にほかなりません。これにより、将来世代では、共有地の悲劇が加速度的に悪化すると予想されます。

1-4

ハーディンが見落としたもの——悲劇を回避する

結局、人口問題には絶望しかないのでしょうか？　そうともいえないかもしれません。悲劇を回避する糸口として、本節で、アメリカの政治学者エリノア・オストロムらによる共有地に関する研究を紹介しましょう。[12]

ハーディンへの疑問

オストロムはハーディンの唱えた共有地の悲劇に対して、ある疑問をもちました。ハーディンの考察によれば、共有地の悲劇により共有資源は破壊の運命から逃れられないはずです。にもかかわらず世界には、数百年以上にわたり共有による管理がおこなわれ、維持されている資源がたくさんあります。なぜこれらの共有資源は破壊されていないのでしょうか？

もしかすると、共有資源の破壊には数百年以上の長い時間がかかるのかもしれません。つまり、現在私たちは破壊にいたるまでの過程を見ているにすぎないのかもしれません。しかしオストロムの目には、かなりの数の共有資源が持続的に利用されているように映りました。もし持続的に利用されうる共有資源があるのならば、ハーディンの論に誤りがあることになります。

そこでオストロムは、世界中の持続的に利用されている（ように見える）共有資源を対象に調査を進めました。調査対象は欧米、アジア、アフリカなど世界各地の数千の事例におよびました。

事例の中には、山梨県の平野村、山中村、長池村（現在の山中湖村）の1200万haの共有地もふくまれます。この共有地は江戸時代の250年以上の間、常時数千人の村人により持続的に利用されてきたことで知られています。村人は私有地で米や野菜を育て、家畜の飼育で生計を立てながら、共有地から木材、屋根のふきわら、飼い葉、薪や炭、肥料として利用する森林土壌などを得ていました。いわゆる里山です。

この里山は、〝入会《いりあい》〟と呼ばれる日本独自の方法で維持・管理されていました。入会の最大の特徴は、法令ではなく、慣習によって規律されている点です。

入会地は完全にオープン――だれでも利用することができる――というわけではありませんでした。〝入会権〟と呼ばれる利用権が設定され、それをもたない者は入会地を利用できない制度が存在したのです。また、入会権をもつと、維持管理に参加・協同しなければなりません。また、利用にはさまざまな制約や約束事も決められていました。こうした工夫が平野村、山中村、長池村の共有地において持続的な資源利用を可能にしていたのです。

オストロムはこれらの事例を丹念に調べ、持続的に利用されている共有資源に共通する事項――利用者間の繊細な自主的ルールの存在――を発見しました。つまり、持続的に利用されている共有資源では完全に自由な利用が許されてはいなかったのです。そして彼女は、持続的な共有

表1 ▶ 共有状態にある資源（共有資源）を長期的に持続させるための8原則

オストロムは過去の事例をていねいに調べ上げ、長期的に持続している共有資源は完全にオープンではなく、利用者が限定されていたことや、利用者の間で自主的な利用ルールが決められ、自治管理されていたことを見つけた。さらに彼女は、共有資源が長期間持続するために必要となる7つの基本条件（1〜7）と、場合によっては必要となる付加的な条件（8）を発見した。

1. 共有資源と私有資源の境界が明らかであること
2. 共有資源の利用と供給のルールが地域的条件と調和していること
3. 共有資源の利用者のほとんどが、ルールの修正に関与できること
4. 共有資源の状況と利用者の行動が監視されていること
5. ルールに違反した場合の制裁は、段階的になされること
6. 紛争解決のメカニズムが備わっていて、容易に運用できること
7. 共有資源の利用者の権利は、外部から侵害されないこと
8. 利用者がつくる組織が入れ子状になっていること

資源の利用を可能にする原則（ルール）の体系化を試みました。

その結果、共有資源が持続的に管理される基本条件を7つ、加えて、場合によって必要となる付加的な条件をひとつ見つけました。これらは一般に、〝共有状態にある資源（共有資源）を長期的に持続させるための8原則〟として知られています（表1）。つまり、共有資源であっても、慎重に使用および供給ルールを設定し、運用することで、持続的に利用できる可能性を示したのです。

悲劇を喜劇に

オストロムの研究は共有資源管理のパラダイム転換を誘いました。彼女の研究以前はハーディンの主張が支配的で、共有資源は必ず破滅するという考えが常識でした。しかしオストロム

の研究以降は、共有による資源管理であっても、場合によっては持続しうる、という新しい常識に置き変わることになりました。つまり、共有資源をめぐるドラマには、バッドエンド（悲劇＝破壊）もあれば、グッドエンド（喜劇＝持続的利用）もありうるのです。

この研究は人口問題にとっても希望の光です。人口問題に8原則をどのように当てはめるか検討を要しますが、人口の公有化以外にも解決策を見いだせる可能性が出てきたのですから。

2009年、オストロムはこの研究の功績を讃えられ、女性で初めてノーベル経済学賞を受賞しています。政治学者がノーベル経済学賞を受賞するのは異例のことだったので、彼女の受賞は当時、驚きをもって報じられました。しかし、環境問題を専門とする者にとっては、この受賞は至極当然のことでした。きっとここまで読んでいただいたみなさんには、なぜ彼女の研究がノーベル賞に値するのか、十分わかっていただけたと思います。

第2章

4000倍vs.6分の1

——生物多様性の不都合な真実

唐突ですが、本章は私の思い出話からはじめます。クラスメートの浜崎さんに密かな恋心を抱いていたころですから、高校1年生だったでしょうか。当時話題になっていた映画《バック・トゥ・ザ・フューチャー》を観に行ったときのことでした。同じ劇場にマドンナ、浜崎さんの姿がありました。その偶然に運命を感じたのも束の間、私は絶望することになりました。浜崎さんは、彼氏と思われる男性と一緒だったのです。

「浜崎さんには彼氏がおった……」

自分にとってこれ以上ない〝不都合な真実〟を前に、激しくうろたえたことを覚えています。そのときの私は、「あれは浜崎さんにそっくりだったけど、きっと浜崎さんじゃない誰かだ。世界にはそっくりな人が何人かいるって聞いたことがあるし……」と、浜崎さんとの遭遇をなかったことにして、心の平静を取り戻そうとしました。つまり、不都合な真実に目を背けたのです。

さて、この章のキーワードは〝数〟です。序章では、ヒトが数（人口）を増やしていく中で、ヒト以外の命の数が減っていったことをおおまかに考察しました。本章では、こうした数の変化をくわしくお示しします。この章で開示される〝不都合な事実〟に対して目を背けず、現実をしっかりと把握しましょう。

2-1

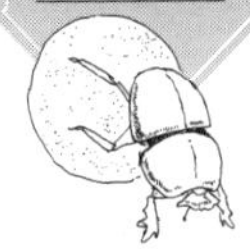

小集団から膨れ上がったヒト

序－1節で見たとおり、現在進行中の生物多様性の喪失は、人口増加に遠因を求めることができます。実際、人類はもともと非常に小さな集団だったことや、異例な速度で増えてきたことが明らかにされています。そこで、人口がたどった増加の歴史をこの章のキックオフにします。

過去の人口を推定する

約20万年前にアフリカ大陸東部で生まれたヒトという種は、個体数を増やしながら地球全体に広がり、西暦２０２２年には80億人まで数を増やしました。１９５０年以降は国連により世界人口が数えられているので、最近70年間ほどの人口変動は正確に把握できます。しかし、きちんとした調査のなされていない１９５０年以前の世界人口については、かなり大ざっぱな推定しかできません。各地に残された断片的な証拠をもとにいちおうの推定が可能ですが、時間をさかのぼるほど資料は減ってゆきます。こうした困難をものともせず、過去の人口の推定に果敢に挑んだ研究例を紹介しましょう。

イギリスの歴史学者コリン・マクエブディーらは、世界の各地域に残されたあらゆる手がかりを利用して、さまざまな時代の世界人口を推定しました。彼らは、西暦1年の世界人口を1億7000万人と見積もりました[3]。

紀元前の人口推定はいっそう難しくなります。文字として残された資料がほとんどないからです。こうした時代の人口を推定するには、ヒトが生活していた地域の面積と人口密度を見積もります。マクエブディーらはこの方法で、紀元前1万年の人口を400万人と推定しました[3]。

さらに、10万年前の人口推定にも挑んでいます。紀元前1万年というと、ヒトはすでに世界中に分布を広げていましたが、10万年前にはアフリカにしか住んでいませんでした。この分布域の狭さから、10万年前の人口は1万年前の半分に満たなかっただろうと、大胆に予想しています。つまり、10万年前の人口は多く見積もっても200万人ということです。

しかし、ヒトの分布がアフリカ大陸だけに限られていた時代だとしても、10万年前の世界人口が「多くても200万人」という推定は少なすぎると思われたかもしれません。なにしろ、現在（2020年）のアフリカ大陸には13億もの人が住んでいますから。そこで、この推定結果の確からしさを、別の方法で確かめてみることにしましょう。

過去の人口を推定する方法は、マクエブディーらが採用した方法以外にもあります。遺伝子に刻まれた情報を利用するのです。次項では、ヒトがもつ遺伝的な特徴とともに、遺伝子を用いた過去の世界人口の推定結果を紹介します。

ヒトの個体差は小さい？

ヒトの個体はみな、ほかの個体と異なった形態や生理的な特徴をもちます。こうした個体差（個人差）があるおかげで、私たちは個人を区別し、名前で呼び分けることができます。

ヒトに限らず生物のもつ特徴の大部分は、遺伝子により設計されています。ですから個人差が生じるのは、各自のもつ遺伝子のセットが違うせいだと考えられます。もちろん、個体差のすべてが遺伝子のせいとはいえません。育ってきた環境や経験に由来する差異もあるでしょう。しかし、かなりの部分が遺伝子により説明できるのも事実です。誰もが他人と異なった生物学的特徴をもっているのは、誰もが他人と違う遺伝子のセットをもっているからだと考えてかまわないでしょう。

ヒトなどのあるひとつの〝種〟の中で見られる、個体間の遺伝子のセットの違いは〝遺伝的多様性〟と呼ばれています。ひとつの種の遺伝的多様性の程度は、その種に属する複数個体のDNAを調べ、比べることで定量化できます。ここではざっくりと、「DNAを調べることで、種などの集団の遺伝的多様性が記述できる」と理解していただければ十分です（遺伝的多様性の定量方法については、第5章でよりくわしく説明します）。

ヒトのDNAはくわしく調べられていて、ヒトのもつ遺伝的多様性も実際に定量化されています。さて、ヒトの遺伝的多様性はどの程度で、ほかの種と比べて大きいのでしょうか？

直感的には、ヒトのもつ遺伝的多様性は他種のそれよりも大きそうです。その根拠は、ヒトでは個体間の外見上の違いが目立つのに対して、ほかの種では個体間の見た目の違いがはっきりしない場合が多いことです。たとえば、ヒトに近縁だといわれるチンパンジーやゴリラを考えてみましょう。チンパンジーやゴリラの個体はどれを見ても代わり映えしません。少なくとも、ヒトの個体間で見られるほどの見た目の違いはなさそうです。

外見的な特徴も遺伝子により設計されていると考えれば、ヒトの個体間で見られる外見の大きなバリエーションは、ヒトのもつ遺伝的多様性の高さを連想させます。対して、チンパンジーやゴリラの見た目の均質さは、彼らの遺伝的多様性の低さを反映していそうです。

また、ヒトは世界中に分布しています。対して、野生のボノボやチンパンジー、ゴリラはアフリカの一部にしか生息していません。分布域の広さの違いからも、なんとなくヒトのほうが遺伝的多様性の高い集団になっている気がしないでしょうか。

しかし、遺伝的多様性の定量結果はこうした直感を裏切るものでした。ヒトとヒト亜科の別種（ボノボ、チンパンジー、ゴリラ——これらを〝アフリカ類人猿〟と呼びます）とで遺伝的多様性を比較した研究があります。[13] その成果によれば、ヒトはアフリカ類人猿と比べて、著しく低い遺伝的多様性しかもたなかったのです。もう少しくわしく説明しましょう。

この研究では、比較する4種について複数の個体のＤＮＡ標本が集められました。ヒトの場合は世界中から、つまりさまざまな地域に住む個体のＤＮＡが集められました。先ほど、ボノボやチンパンジー、ゴリラはアフリカの一部にしか生息していないと述べましたが、いずれの種も地理的に隔てられたいくつかの小集団に分かれています。そこで、アフリカ類人猿のDNA標本には、それがどの小集団から得られたものかという記録も加えられました。

こうした標本を用いて、種ごとの遺伝的多様性が調べられました。すると、ヒトの遺伝的多様性は、ボノボやチンパンジー、ゴリラそれぞれがもつ遺伝的多様性よりもずっと低いことがわかったのです。それどころではありませんでした。場合によっては、アフリカ類人猿の地域小集団内で見られる遺伝的多様性よりも、ヒトが種レベルでもつ遺伝的多様性のほうが低いことがわかったのです。

ヒトでは、わずかな遺伝的な差異が、見た目の大きな違いをもたらしているのかもしれません。そう考えれば、遺伝的多様性が低いのに見た目の個人差が大きいことを説明できます。

しかし、ギャップの真の理由は別のところにあるのでしょう。たんに、ヒトは自分と同じ種の別個体（他人）の見た目に敏感で、わずかな違いを鋭敏に感じ取っているのだと思います。一方で、多くのヒトにとってアフリカ類人猿の個体差は大した問題ではなく、みな同じに見えてしまうのです。逆に考えると、ほかの種からはヒトがみな同じように見えているのかもしれません。

こう考えると、人種間などで見られる見た目の違いなど、たとえどんなに違うように見えたとしても、生物学的には大きな意味はないと解釈できます。

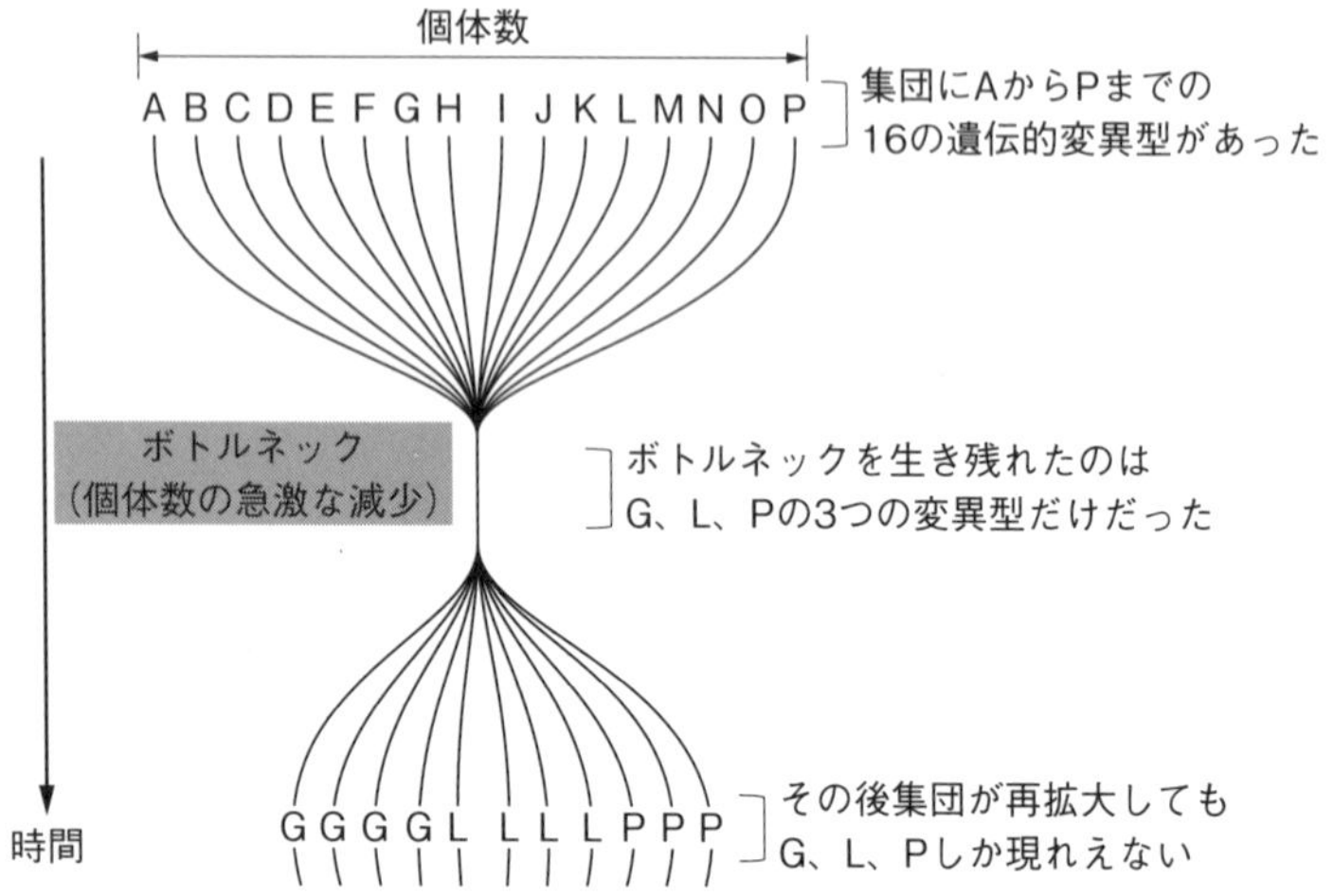

図5▶ボトルネック現象による遺伝的多様性の減少

現代人は小さな集団の子孫だった

ヒトの遺伝的多様性の低さに話を戻しましょう。なぜ、ヒトはほかの種に比べて極端に遺伝的多様性が低いのでしょうか。生物学者は、人口動態に答えを求めています。つまり、ある時期に世界人口が数万人のレベルにまで減少したことがあり、現代人はみな、この小さな集団の子孫なのではないか、と疑っているのです[14]。

生物学では、個体数が一時的に著しく減少することを、瓶の首が細くなる形状になぞらえて“ボトルネック現象”と呼んでいます（図5）。ボトルネック現象を経験した集団では、次のような理由で、遺伝的多様性が低くなります。

たとえば気候が激変するなどして、ある生物種はほんのわずかな集団しか生き残れなかったとしましょう（ボトルネック現象）。このとき、失われた集団だけにあったさまざまな遺伝的な変異（特徴）は、その種から消失します。これは、種全体の遺伝的多様性の減少に相当します。

一方、生き残った小さな集団は、その後に生まれるすべての個体（子孫）の祖先になります。こうなると、子孫の数がその後どんなに増えようとも、共通祖先から同一の遺伝子のセットを受け継いでいるため、種全体の遺伝的多様性は低く抑えられてしまうのです。

ヒトがボトルネック現象を経験していたとすれば、現代人の著しく低い遺伝的多様性を説明できます。では、それを裏づける証拠はDNA以外にあるでしょうか。じつは、あまり強い証拠は見つかっていません。ただし、今から12万3000年くらい前まで、地球の気候はとても寒冷で乾燥していたことが、ほぼ確実とされています。人類学者の中には、この寒冷期は食糧の調達が難しく、人口レベルが急激に減少したとしてもおかしくないと考えている者もいます[15]。

遺伝学的な手法を用いれば、現代人の遺伝的多様性の程度から、ヒト集団にボトルネック現象が起きた時期や、どの程度まで人口が減ったかを推定することもできます。ただし、推定の前提条件を変えると結果が大きく変わるので、推定値の妥当性には注意が必要です。それでも、ボトルネック現象時に、世界人口が1万人程度まで減少したという推定さえあることをふまえると、「過去の人口を推定する」の項で紹介したマクエブディーらの見積もりも、あながち間違いとはいえないでしょう。

ちなみに、ボトルネック現象が起きたタイミングは、ヒトの分布がアフリカ大陸の外へ広がる前と考えられていますが、それが10万年前以前か以降かは定かではありません。なお、ヒトがアフリカ大陸を出て世界中へ拡散しはじめたのは、5万〜7万年前だろうと考えられています[17]。

本書ではマクエブディーらの仮説を採用し、10万年前の人口を200万人と見積もっておきましょう。現在の世界人口が80億人ですから、10万年の間に4000倍になったということです。

過去10万年間のほとんどの時期の人口増加はゆっくりとしたペースで進んでいました。しかし、18世紀半ばにはじまった産業革命を境に人口は急伸しています。そして、1940年代にはじまった緑の革命が人口増加のギアを数段上げたことは、第1章で紹介したとおりです。

命の半減の効果

過去の人口動態をふまえて、サノスによる命の半減の効果を評価してみましょう。もし命の半減が現実に起これば、世界は悲しみに包まれるでしょう。何の準備もなしに、家族や友人などが同時に半数も失われるのですから。しかし、ここはドライになって、数の変化だけに注目します。

2020年の世界人口は77億9000万人でした。仮に、サノスがこの年に指をはじいたとしましょう。人口は、39億人程度に減少します。

ここで国連の人口統計に目を移しましょう[4]。世界人口が約39億人だったのは、1973年です。強い痛みを伴うサノスのやり方も、結局は時間を50年分巻き戻しただけと言えます。その後50年もすれば、人口は指パッチン時点のレベルまで回復するでしょうから、命の半減には根本的かつ永続的な効果は見込めないといわざるをえません。

世界人口動態データをくわしく見てみます。統計をとりはじめてから人口増加率がもっとも大きかったのは１９６６〜１９６７年で、その値は年率で２・０９％でした。指パッチンを契機にベビーブームが訪れ、仮に人口増加率がこの値に戻ると考えてみましょう。この場合、人口はわずか34年後には指パッチン以前のレベルに回復してしまいます。

2-2 ヒトとともに増えた種、減った種

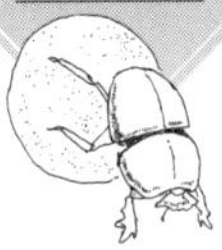

ヒトの数の増加速度は目を見張るものがありました。ここで、ヒト以外の生物の数の変化にも目を向けましょう。もちろん、多くの生物が個体数を減らしていて、だからこそ生物多様性の喪失が問題になっているのですが、すべての種で同様の傾向がみられるわけではありません。

家畜とペット

まず紹介するのは、家畜やペットです。ヒトの生活とかかわりの深い家畜やペットは、ヒトの増加とともに著しく数を増やしました。

家畜の中でも家禽（人間が利用するために飼育する鳥）の数はとくに多いです。FAOの統計によれば、2017年に世界で飼育されていたニワトリの数は259億羽でした。[5] ヒトよりニワトリのほうがずっと数が多いということです。アヒルも11億7000万羽、飼われていました。

哺乳類も家畜としてたくさん飼われています。同じ資料は、2017年にウシが15億1000頭、スイギュウが2億頭、ブタが8億5000万頭、ヒツジが12億3000万頭、ヤギが10億9000万頭、ウマが6000万頭、ウサギが3億頭も飼育されていたことを示しています。

家畜とは別に、ペットとして飼われる動物も数を増やしました。ここでは、ペットとしての人気が高く、ヒトに連れられて世界中に分布を広げたイヌとイエネコ（以下、ネコと呼びます）の数を紹介しましょう。ただし、家畜と違い、ペットの数に関する統計を国連はとっていないので、研究者によるイヌとネコの推定頭数を参照します。

イヌの頭数の推定は多くの場合、人口との比率の仮定にもとづきます。この方法で2000年代のイヌの世界頭数を推定した結果として、「少なくとも7億頭」と報告されています。[18]

アメリカの遺伝学者、ステファン・オブライエンの研究グループはネコ科の動物をよく調べています。彼らは2007年に出版した論文で、世界のネコの飼育頭数は6億頭くらいだとしています[19]（こちらの論文には推定の根拠は明記されていません）。

イヌにしてもネコにしても（根拠の弱い値かも知れませんが）、億を超える個体が世界にいることは間違いなさそうです。

生きている地球指標

家畜・ペットに続いて、野生生物の命の数に目を向けましょう。人間活動の影響の大きさを測るために、野生生物の数をかぞえている団体があります。世界自然保護基金（ＷＷＦ：World Wildlife Fund）です。ＷＷＦは世界最大規模の自然環境保護のための国際ＮＧＯ（Non-Governmental Organization、非政府組織）です。

野生生物の数をかぞえるといっても、すべての個体をかぞえるのは現実的ではありません。そこでＷＷＦは、調査対象を世界中の脊椎動物（哺乳類、鳥類、魚類、爬虫類、両生類）の４３９２種に絞り、個体数の動向に関するデータをとりまとめています。このデータの要約は１９７０年にはじめられたので、それ以降の脊椎動物４３９２種の個体数の動向を知ることができます。

ＷＷＦはモニタリング対象種の個体数の変動を表す数値として、〝生きている地球指標〟を導入しました。これは、１９７０年の個体数に対する比として、その後の個体数を表すものです。個体数が１９７０年と変わらなければ１・０となり、当時より減って（増えて）いれば１・０より小さな（大きな）値をとります。生きている地球指標は種ごとに見積もられていますが、ここではそれらの値の平均値に注目しましょう。

２０２０年の報告書によれば、生きている地球指標の最新（２０１６年）の値は０・３２でした[20]。つまり、２０１６年には、脊椎動物の個体数が１９７０年に比べて68％も減少していたのです。みなさんは、ここまで大きな減少を予想できたでしょうか。

生きている地球指標の基準とされた1970年の個体数でさえ、すでに人間活動の影響を受けていたに違いありません。その影響の程度は定かではありませんが、すでに個体数は減少傾向にあったはずです。生きている地球指標は、ヒトの影響を受ける前と比べた減少の程度ではなく、「最近約50年程度に限定して、個体数がどの程度変化したか」を表す数値なのです。

さて、ここで再びサノスに登場してもらいましょう。そして、サノスの指パッチンの効果（命の半減）はヒトに限定されず、すべての種におよぶとします。脊椎動物も半減するということです。そんなことになれば、脊椎動物はきっと不公平に感じることでしょう。なぜならば、サノスが指をはじく前に、すでにヒトにより半減以上の影響を受けているのですから。脊椎動物からすれば、サノスよりヒトのほうがひどいヴィランなのかもしれません。

バイオマスで見てみると……

生きている地球指標を用いて、ここ50年くらいの脊椎動物の個体数の減少を示しました。ただし、前述のとおり、生きている地球指標は地球上にいる全生物の個体を数え上げて計算されたものではありません。WWFが膨大な数の調査をふまえているのは事実ですが、その対象は地球にいる脊椎動物のごく一部です。もしモニタリング対象を、人間活動に敏感で、急速に数を減らしている種だけに絞れば、地球全体の（モニタリング対象ではない種をふくめた）個体数の減少を過大評価してしまいます。そこで、別の指標も使って生物の量的変化を概観してみましょう。

次に紹介する指標は〝バイオマス〟です。バイオマスとは生態学の用語で、ある地域にいる生物の量を質量で示したものです。同じ意味で〝生物量〟もしくは〝現存量〟が使われることもあります。生態学では伝統的に、バイオマスを生物体内にふくまれる炭素の量に換算して示してきました。生物体のおよそ半分が炭素でできているので、炭素換算したバイオマス値を倍にすれば、ほかの元素をふくめた重量が得られます。

これまで見てきた個体数とは直接に比較できない指標ですが、バイオマスは量的変化を見るときに意味をもちます。それでは、地球の生物のバイオマスに関する統計を紹介しましょう。

イスラエルの生物学者、イノン・バーオンらは、地球のバイオマスに関する論文を網羅的に整理しました。彼らは生物の界ごとにバイオマスを見積もりました[21]（図6A）。界とは、生物分類における上位の分類階級で、生物は大きく植物界、動物界、菌界、原生生物界、原核生物界（細菌+古細菌）の5つのグループに分けられています（5つの界のバイオマスの値は第6章で紹介するので、この分類を頭の片隅に置いておいてください）。

バーオンらの見積もりは、界ごとのバイオマスだけではありませんでした。動物界については、ヒト、家畜哺乳類、家禽、野生の哺乳類、野生の鳥類に注目し、それらのバイオマスも推定したのです（図6B）。

彼らは、地球上の野生哺乳類全体のバイオマスを0・007GtC（〝Gt〟はギガトンで、1Gtは10億

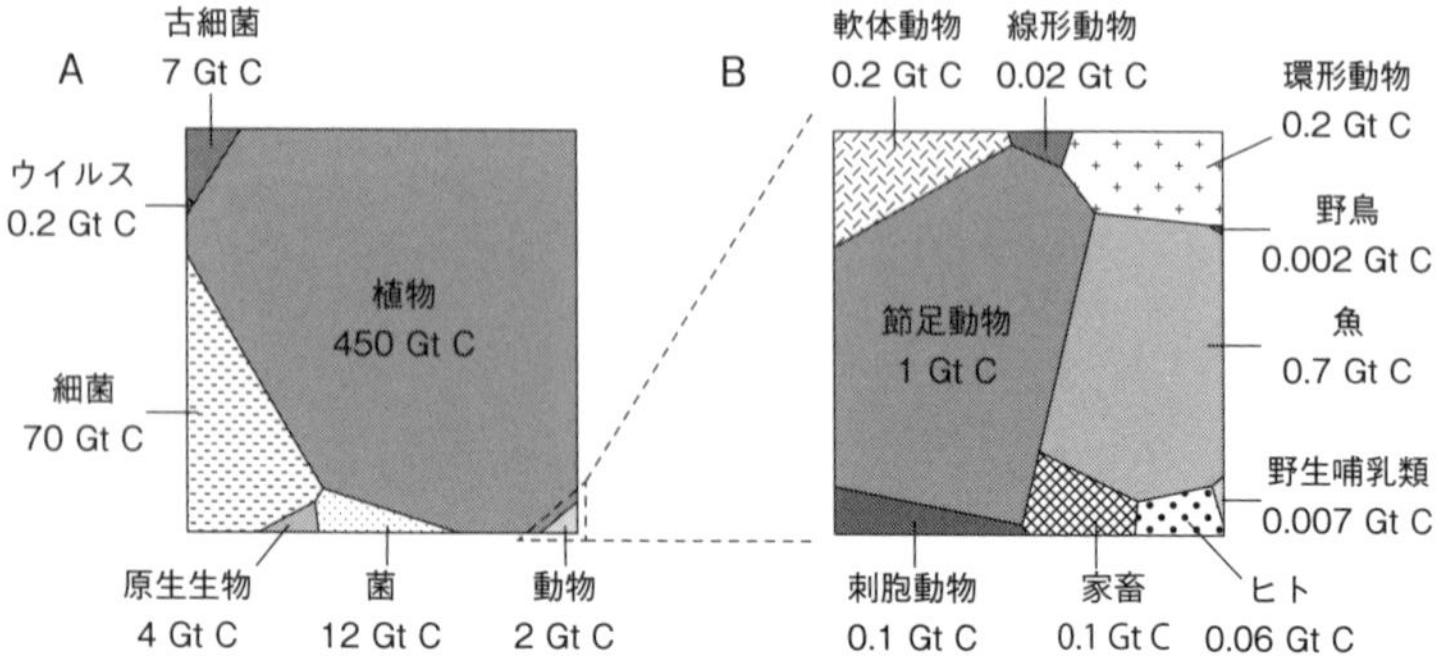

図6 ▶ 界ごとのバイオマス（A）と動物界の内訳（B）[21]

トン。〝C〟は〝炭素換算した量〟という意味）と推定しています。対してヒトのバイオマスは0・06GtCもありました。

ヒトよりも大きなバイオマスをもつのが家畜化された哺乳類で、0・1GtCと見積もられています。前述のとおり、個体数ではヒトのほうが家畜哺乳類よりも多いものの、ウシやウマの一個体の重量はヒトよりずっと大きいので、バイオマスに換算すると大小関係が逆転するのです。

現在の地球に生息する哺乳類のバイオマスの構造は非常にいびつです。ヒトと家畜（哺乳類）だけで、野生哺乳類全体の23倍ものバイオマスをもつのですから。地球の歴史において、このような状況が出現したのは初めてでしょう。

鳥類に関する推定結果も見てみましょう。バーオンらは、野生の鳥のバイオマスを0・002GtCと推定しています。対して、家禽のバイオマスは0・005GtCだとしています。哺乳類と同様に、野生の鳥よりも、家禽のほうが大きなバイオマスを占めるのです。

10万年前の野生生物

前項で紹介したバーオンらによるバイオマスの推定値は、現時点のものです。それがいびつな構造をもつことはわかりました。しかし、バイオマスの変遷については何も語ってくれません。じつはこの興味を掘り下げるうえでも、バーオンらの研究は参考になります。というのも、彼らは過去と現在のバイオマスの比較にも挑んでいたからです。具体的には、10万年前の野生哺乳類のバイオマス推定を試みていました。〝10万年前〟という数字には意味があります。

化石の証拠から、8万年以上前の地球には、今より豊富なメガファウナ相があったことが知られています。メガファウナというのは、体重が44kgを超える哺乳類を指します。44kgという何とも切れの悪い数字が基準とされていますが、これは、メガファウナのもともとの定義が「100ポンドを超える（100ポンド＝44kg）哺乳類」だったことに由来します。

メガファウナの多くは1万年くらい前までに絶滅してしまい、現在、地球に残されているメガファウナ相はきわめて貧弱です（絶滅の原因については、後で検討します）。絶滅したメガファウナとして、アフリカ大陸のオオイノシシやオオツノスイギュウ、ヨーロッパ大陸のマンモスや複数種のサイ、オーストラリア大陸のディプロトドンやフクロライオン、北米大陸のオオナマケモノなどが挙げられます。

メガファウナの絶滅は世界各地で起こりましたが、絶滅のタイミングには、ある共通点が見られます。どの地域でも、ヒトがその地に分布を広げた後、ほどなくして起きたようなのです。このことから、当時のメガファウナの絶滅の原因はヒトによる狩猟だったと考えるのが一般的です。つまり、8万年前以降の野生哺乳類のバイオマスは、メガファウナの絶滅に代表されるように、ヒトの影響を多大に受けている可能性があります。

対して、10万〜8万年前には、メガファウナの絶滅が起きたことを示す証拠は見つかっていません。この時代、ヒトの分布もアフリカに限定されていたので、ヒトの狩猟の影響が世界的にはそれほど大きくなかったと考えられます。バーオンらは、この時期に注目して、野生の哺乳類のバイオマスの推定をおこなったのです。

4000倍 vs. 6分の1

バーオンらは、10万年前の野生哺乳類のバイオマスをメガファウナに代表させることにしました。というのも、メガファウナが哺乳類のバイオマスの大部分を占めるからです(とはいえ、体の小さい哺乳類がふくまれていないので、多少の過小評価であることは間違いありません)。そして、10万年前のメガファウナのバイオマスはすでに見積もり値が報告されていたので、それを利用しました。

その報告をしたのは、カリフォルニア大学バークレー校で古生物学を教えたアンソニー・バーノスキーです。[22] 彼は、10万年前のメガファウナの分布域を推定し、さらにその面積と生息密度、そして1個体あたりの体の重さを見積もりました。個体の体重は化石から推定された値を利用し、個体密度は体の大きさからはじき出しています。分布域の推定は、もっとも骨の折れる作業でした。なにせ、今より寒冷だった時代です。海退に伴う陸地面積の増加や、寒冷および乾燥に伴うバイオーム（生物群系：ある地域の気温と降水量でおおむね決まる）の違いを考慮しなければなりません。こうした困難を乗り越え、彼らは10万年前のメガファウナのバイオマスを炭素換算で0・02GtCと推定しました。

バーオンはこのバーノスキーの推定を利用したのです。さらに、海にも同程度の量のメガファウナが生息していたと仮定しました。こうして、10万年前の地球におけるメガファウナ（≒野生哺乳類）のバイオマスを炭素換算で0・04GtCと推定したのです。

2－1節では、10万年前の人口を200万人と見積もりました。この人数から、1人あたりの体重を50kgと仮定して当時のヒトのバイオマスを算出すると、わずか0・00015GtCにしかなりません。10万年前のヒトのバイオマスは、哺乳類全体の0・04％ほどにすぎず、無視できるほど少なかったことがわかります。

ここで、10万年前と現在とでヒトや野生哺乳類のバイオマスを比較してみましょう。

現在のヒトのバイオマスは0・06GtCですから、ヒトのバイオマスは4000倍に増えています（人口が4000倍に増えているので、当たり前ですね）。一方、野生の哺乳類のバイオマスは、0・007GtCまで減少しています。つまり、10万年の間に、野生の哺乳類は6分の1程度まで縮小してしまったのです。まさに野生哺乳類の命の灯は、消え入りそうな状態です。

2-3

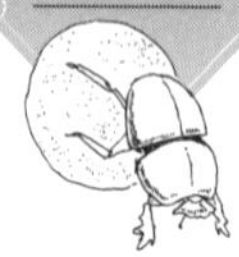

100万種の絶滅危惧種

ここまで、野生生物の数の減少にかかわる指標として、〝生きている地球指標〟や〝バイオマス〟を紹介してきました。すでにお気づきかもしれませんが、これらの指標には種の違いが考慮されていません。次章で話題にしますが、地球上には人間活動により個体数を増やしている種もいれば、減らしている種もいます。種を考慮せず、おしなべて考えると、保全する必要があるのはどの種なのか見失ってしまいます。こんなとき役に立つのが、〝絶滅危惧種〟（大きく数を減らしつつある種などが指定されます）の概念です。本節では、絶滅危惧種に関する統計を紹介します。世界中にどれだけの数の絶滅危惧種がいるのか想像しながら読み進めてください。

レッドリストの中身

絶滅危惧種の指定をおこなっているのが国際自然保護連合（ＩＵＣＮ：International Union for Conservation of Nature and Natural Resources）です。ＩＵＣＮは国家、政府機関、ＮＧＯなどを会員とする国際的な自然保護団体で、絶滅の危機に瀕している動植物種のリスト（ＩＵＣＮ絶滅危惧種レッドリスト）を作成しています（図7）。

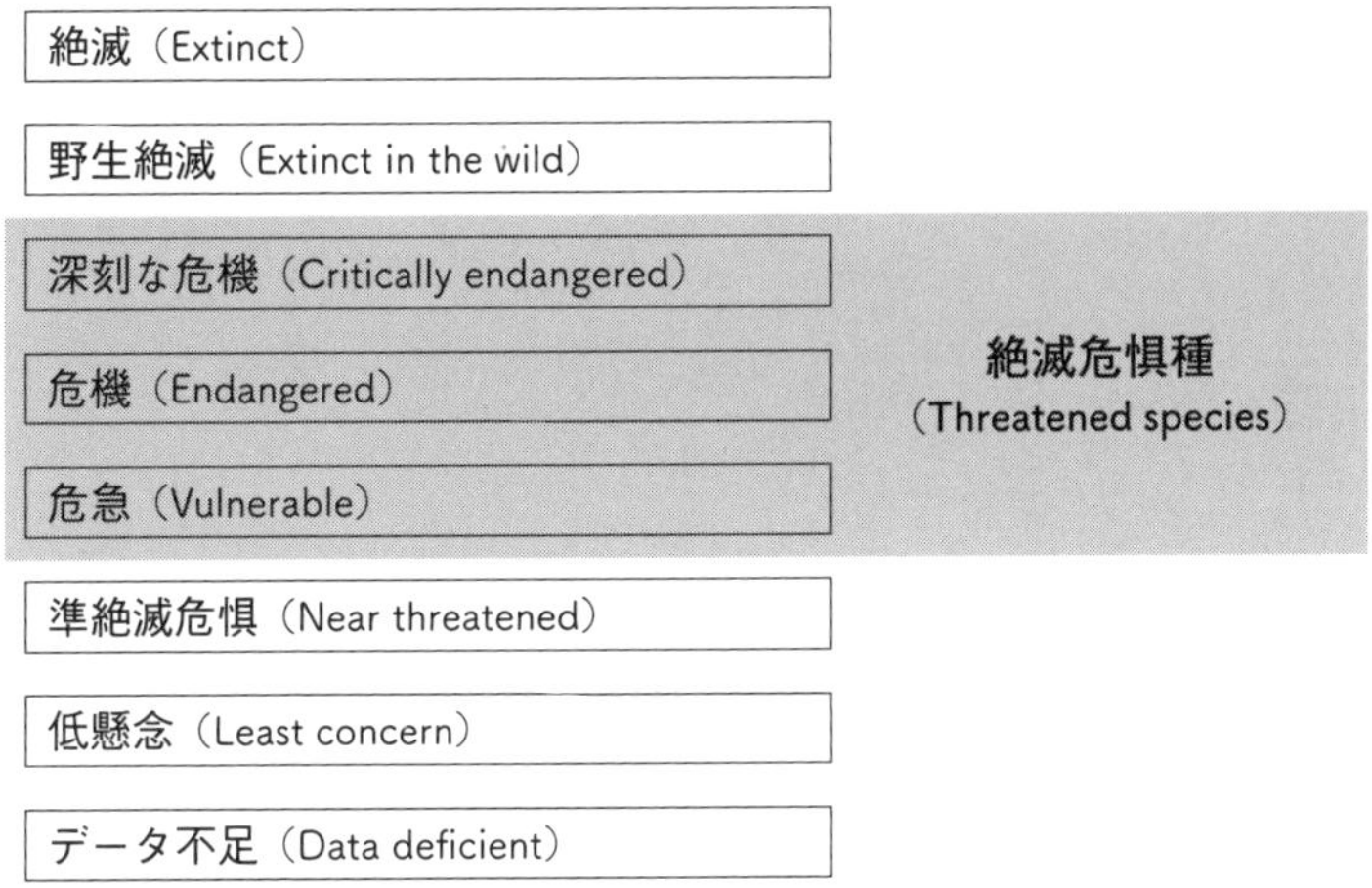

絶滅（Extinct）	
野生絶滅（Extinct in the wild）	
深刻な危機（Critically endangered）	絶滅危惧種
危機（Endangered）	（Threatened species）
危急（Vulnerable）	
準絶滅危惧（Near threatened）	
低懸念（Least concern）	
データ不足（Data deficient）	

図7 ▶ 絶滅リスクの大きさを示すカテゴリー

ＩＵＣＮによる絶滅危惧種の判定基準には、生息域の縮小度合いや将来の絶滅リスクなどもふくまれますが、個体数の減少速度が重要な要素です。たとえば、大トロがとれることで日本人に人気のミナミマグロは、乱獲のために個体数を激減させました（２０００年ごろの個体数は、その30年前に比べて90％ほども減っていました）。このためミナミマグロは１９９４年、ＩＵＣＮにより絶滅危惧種に指定されています。

ＩＵＣＮは２０２１年までに、14万種ほどの動植物を対象に絶滅リスクの評価をおこないました[23]。そして、このうちの３万５５００種ほどが絶滅の危機に瀕していると判定しました。調査対象全体の27・5％もの種が絶滅危惧種だったのです。動植物の4分の１以上が絶滅の危機に瀕している、ひどい状況が明らかになりました。

ところで、IUCNは地球上の全生物種について、絶滅危惧種かどうかを判定したのでしょうか？　もちろんそんなことはありません。彼らが扱っているのは、地球上にいるはずの種のごく一部でしかないのです。次項で、この〝地球にいるはずの種〟について考えてみましょう。

新種の宝庫？

ときどき、新種の生物の発見を知らせる報道が新聞紙上をにぎわすことがあります。地球上にはまだまだ未記載の種（名前が付けられていない種。記載されれば新種となる）がたくさんいることをほのめかす事実です。では、未記載種はどれくらいいると見積もられているのでしょうか。

2011年にハワイ大学のカミロ・モーラらが発表した研究によると、世界には名前がつけられた（記載された）種が125万種くらいいて、未記載種をふくむ全生物種数は875万にもなるそうです。[24]　つまり、人類は地球にいるはずの種のわずか14%しか記載できていないということです。

私自身も、地球には未記載種がたくさんいることを実感した経験があります。マレーシアのジャングルで、フンコロガシに関する研究に従事したときのことです。

フンコロガシは、ほかの動物の糞を器用に丸め、転がしながら巣穴に運ぶコガネムシの仲間です。アフリカから地中海沿岸、アジアまで広く分布しています。和名の由来にもなった変わった習性をもつため、日本人にもけっこう有名な昆虫だと思います。しかし、残念ながら、こうした行動を見せるフンコロガシは日本には生息していません。

フンコロガシが糞を集めるのは、自分の食料にするためです。糞は、それを排泄した動物が食べたもののうち、消化されなかった残りかすや動物腸内の老廃物、腸内細菌などから構成されます。糞の主にとっては利用できなかったものですが、フンコロガシにとっては食料としての価値があります。フンコロガシの腸内には特別な細菌が住んでいるため、ほかの動物たちの糞を消化・吸収することができるのです。

フンコロガシにとって、糞は子どもたちの食料としても重要です。フンコロガシは糞の中に産卵し、卵から孵《かえ》った幼虫は糞を餌にして成長するのです。このように、フンコロガシは一生、糞に依存した生活を送ります。

糞をバラバラにして移動させたり、地中に埋めたりするフンコロガシですが、この行動は生態系での養分循環に重要な意味をもちます。糞は植物にとっても養分になりますから、それを運んだり、地中に埋めたりすることはまるで、森林の土を耕しているようなものです。フンコロガシのような小動物が土壌をかき乱す行動を、生物学では〝生物擾乱〟と呼びます。フンコロガシがいることで、土壌は植物に利用されやすくなり、植物の成長が促されることが知られています。

養分循環における生物擾乱の重要性に最初に気づいたのは、進化理論で有名なチャールズ・ダーウィンだといわれています。ダーウィンが目をつけたのは、フンコロガシではなくミミズでした。ダーウィンは死の前年（1881年）に出版した『ミミズと土』という著書の中で、ミミズによる生物擾乱について解説しています。[25] その内容を簡単にご紹介しましょう。

ミミズは土を食べます。ミミズにとって栄養として利用できるのは土の中にふくまれる有機物ですが、ミミズは土ごと口から体内に取り込みます。取り込まれた土の中の有機物は消化されますが、もちろん土自体は消化できるわけもありません。消化されなかった土の部分は団子状の糞として肛門から排泄されます。この排泄された土は、ミミズに食べられる前の土とはまったく別物です。ミミズの排泄物は通気性に富み、植物の栄養となる窒素を多くふくみ、水分保持機能にも優れています。つまり、植物が利用しやすい土に改変されるということです。

ミミズの土を耕す力は侮れません。ダーウィンによれば、1haあたり毎年、乾燥重量にして20トン以上の土がミミズから排泄されるそうです。ミミズの〝耕作〟により、自然の森林や草原に生える植物の成長が促進されるのです。

もちろん、フンコロガシもミミズも養分循環のために土を耕しているわけではありません。自分たちの生存に必要な行動が、副作用として養分循環を促しているにすぎません。ちなみに生態学では、フンコロガシやミミズのように、物理的に環境を改変し、ほかの多くの生き物に影響をおよぼす種のことを〝生態系エンジニア〟と呼んでいます。

マレーシアのジャングルでの経験談に戻りましょう。ジャングルでは、幼き日に読んだ『ファーブル昆虫記』[26] で紹介されていた、(少なくとも日本に住む私にとっては) 幻のフンコロガシが目の前にいることに興奮し、夢中になって採集したものです。

私が夢中になって集めたフンコロガシの中には、少なくとも3種の未記載種がふくまれていたことが、後になってわかり、新種として記載されました。新種の発見もこのように、生き物のプロにとっては身近にあるのです。

地球は未記載種の宝庫ですから、記載される前に人知れず絶滅してしまう種もたくさんいることでしょう。IUCNが絶滅リスクを評価した種の数（14万種）は途方もないものですが、それでもすべての種（875万種）のうちのほんのひと握りしか評価できていない点は、押さえておくべきでしょう。

絶滅危惧種の宝庫？

「（未記載種までふくめると）本当は、どれくらい絶滅危惧種がいるのだろうか？」

これはきっと、多くの読者が自然と抱いた疑問でしょう。この問いに対する確からしい答えが最近示されました。それは、IPBES（生物多様性及び生態系サービスに関する政府間科学政策プラットホーム）の報告書の中に書かれています。[27] IPBESは、生物多様性に関する科学と各国の政策との連携強化を目的として、国連環境計画の提案により設置された政府間組織です。どの国家にも属さず、政治的に中立で、科学にだけ忠実な組織といえます。

2019年5月、IPBESは絶滅危惧種の数に関する報告書を発表しました。彼らは、IUCNの調査結果（絶滅危惧種の割合＝27・5％）と地球にいるはずの種の数（＝875万種。動植物に限れば807万種）をもとに、地球上に動植物の絶滅危惧種がどれだけいるかを推定したのです。報告された値を示す前に簡単に計算してみましょう。地球にいるはずの動植物807万種の27・5％が絶滅危惧種だとすれば、その数は222万種くらいのはずです。ところが、IPBESの報告書に記されていた動植物の絶滅危惧種の数は「（少なく見積もって）100万種」でした。この大きな差は、どうして生まれたのでしょうか。

このギャップの理由は昆虫にありました。IUCNの調査対象には、昆虫はそれほど多くふくまれていませんでした。ですから、27・5％という絶滅危惧種の割合は、昆虫以外を対象とした場合には妥当かもしれませんが、昆虫にも当てはまるかは疑問が残ります。

IPBESは昆虫に注目しました。昆虫は動物の中でもっとも優占的なグループだからです。なにせ、777万種の動物のうち550万種が昆虫だと見積もられています。じつに、動物の種の71％が昆虫に占められているということです。昆虫における絶滅危惧種の割合がほんの数パーセント違うだけでも、絶滅危惧種の数の推定に大きな影響を与えてしまいます。

IPBESは、昆虫の絶滅危惧種の割合は27・5％より小さいだろう、と考えました。昆虫の絶滅危惧種の割合を10〜15％と見積もる先行研究があったからです。そして、IPBESは多数の昆虫における絶滅危惧種の割合として、かなり控えめな10％という数字を用いました。

以上をまとめるとこうなります。IPBESは昆虫550万種の10％と、その他の動植物257万種の27・5％が絶滅の危機に瀕していると見積もったのです。そしてその結果、絶滅危惧種

（動植物）の数を「少なくとも１００万種（おそらく１１９万種程度）」と見積もりました。

１００万という種の数は、多くの人にとって想像を超える規模であり、にわかには信じられないことでしょう。しかし、これが現在地球で起きている生物多様性の喪失の現実です。

ＩＰＢＥＳの報告書について日本での報道は控えめでしたが、絶滅危惧種が１００万種もいるという見積もりは、世界中でセンセーショナルに報じられました。たとえば、有名な科学雑誌、『ネイチャー』が速報記事を掲載するほどでした。[28]

2-4

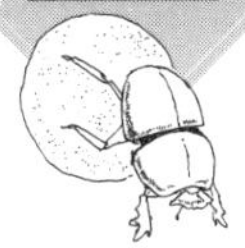

第6の大量絶滅

前節では、現在の地球上には少なくとも１００万種の絶滅危惧種がいる状況を紹介しました。尋常でない数字に見えますが、ひょっとすると、地球ではヒトが生まれる前からずっと、この程度の絶滅危惧種を抱え続けてきたのかもしれません。１００万種の絶滅危惧種がいる状況も、あながち異常とは言い切れない、という考えを否定できるでしょうか。現状が異常事態かどうか知るためには、過去の地球と比べる必要がありそうです。本節では、過去の地球を振り返りながら、現在の地球上で起こっている生物多様性の喪失について考察を深めます。

過去の生物多様性

過去の地球の生物種数は、化石に頼れば見積もることができます。化石を用いて地質学的時間スケールでの生物多様性の歴史を復元した研究を紹介しましょう。シカゴ大学で古生物学を教えたデイヴィッド・ラウプとジャック・セコプスキによる研究です[29]。

化石は、過去に生息していた生き物の死骸や足跡や、巣穴・糞などの生物の活動していた痕跡、生物の活動によってつくられた化学物質（生物指標有機物）が地層に残されたものです。ラウプとセコプスキはこのうち、生き物の死骸から生じた化石に注目しました。

彼らは、化石海生動物（三葉虫やウミユリ、巻貝や二枚貝など）の科のカタログづくりに没頭しました。科とは、種と同じく生物分類における階級のひとつで、種の上の階級にあたり、近縁の種を集めてつくられる分類群です。彼らのカタログにより人類は、最近5億4000万年ほどの間に、海生動物の生物多様性がどのように変化してきたかを目の当たりにすることになりました。

ところで、地球に生命が誕生してから40億年くらい経過したと考えられています。ですから、カタログが最近5億4000万年に限定されることに違和感を覚えた方もいらっしゃるかもしれません。これは、次のような生物の歴史の制約のためです。

一般的に、生き物の死骸が化石に残ることはまずありません。地球には死骸を餌とし、それを跡形もなく分解してしまう生き物（分解者）がいるからです。炭酸カルシウムの殻や硬い骨をもつ生物は、そうした組織をもたない生物に比べ、分解されにくいため、化石を残す可能性は若干高まります。一方、硬い組織をもたない生物の場合は、化石に残る見込みはほとんどありません。化石記録から、硬組織をもつ生物が生息するのは、ここ5億4000万年に限られることがわかっています。ですから、化石に頼る方法では、それ以前の生物多様性を知ることはできないのです。

ラウプとセコプスキがつくった生物のカタログの話に戻りましょう。彼らのカタログは、科の数が時間とともに上昇する傾向にあることを示していました。この傾向が、生物多様性の上昇の歴史を示しているのか、それともデータの制約から生じた人工物（見かけの上昇）なのか、いまだ議論が続いています。ここで、〝見かけの上昇〟とは何を意味するのか解説しておきましょう。

古い化石が見つかるのは古い地層ですが、ふつう、古い地層は地球の奥深くに埋まっており、ほとんど露出していません。この制約から当然、古い化石は見つかりにくい存在です。とすると、長期的な科の数の増加は、たんに化石の見つかりやすさを示しているだけかもしれません。これが見かけの上昇です（地下深くには、見つかっていないだけで、多様な古い化石があるという考え）。ラウプはこの立場から、化石データ上の科の数の増加は、見かけの変化にすぎないと説明しています。[30]

ビッグファイブ

彼らのカタログを注視すると、科の数の激減する時期が複数あることがわかりました。これらは〝大量絶滅〟と呼ばれる、短期間（といっても数十万年から数百万年）に大量の動植物種が絶滅する現象とみなされます。どのレベルの生物多様性の減少までを大量絶滅にふくめるかは、研究者の間で多少の見解の相違があります。

一方で、どの研究者も共通して大量絶滅と認めるほど大きな絶滅イベントも知られています[31]。そのような大規模な絶滅イベントは、過去5億4000万年の間に少なくとも5回ありました。そして、これら5つの大量絶滅イベントは〝ビッグファイブ〟と総称されます（表2）。

それぞれの大量絶滅期の長さや、そのとき絶滅した生物群は異なりますが、その当時生息していた種の75％以上が絶滅したことが、ビッグファイブに共通する特徴です。

過去にあった大量絶滅の原因は目下、科学者が精力的に調査中ですが、いまだ全容解明にはいたっていません。いずれも数千万年以上前の出来事ですから、原因究明は困難を極めます。とはいえ、進展もありました。地球に残された巨大火山の噴火跡をくわしく調べると、火山活動が活発だった時期と大量絶滅の時期がおおむね重なることがわかってきたのです。このことから最近は、火山活動の活発化が〝火山の冬〟（火山灰などが日光を遮ることで起こる地球の寒冷化）に代表される環境の大激変をもたらし、大量絶滅を引き起こしたという考えが一般的になっています。

表2 ▶ ビックファイブの推定時期、規模、原因

大量絶滅	時期	絶滅の規模	考えられる原因
オルドビス紀末	4億4300万年前	190万年から330万年間に86%の種が絶滅	急激な気候変動（度重なる氷期と間氷期の交代）とそれによる海退と海進の影響。アパラチア山脈の造山と風化の大気と海洋への影響。
デボン紀末	3億5900万年前	200万年から2900万年間に75%の種が絶滅	シベリア・ヴィリュイの火山活動に起因する環境変動。種子植物の出現とその光合成による大気中の二酸化炭素濃度の減少で地球が寒冷化。海底の無酸素海水の出現。隕石の影響は目下議論中。
ペルム紀末	2億5100万年前	280万年から16万年間に96%の種が絶滅	シベリアの大規模な火山活動に由来する二酸化炭素による地球温暖化と無酸素海洋の拡大。海と陸両方で起こった二酸化炭素と硫化水素濃度の上昇。海水の酸性化。隕石の影響は目下議論中。
三畳紀末	2億年前	60万年から830万年間に80%の種が絶滅	中央太平洋マグマ域の活性化が二酸化炭素濃度の上昇を引き起こし、地球温暖化と海洋の石灰化を誘発。
白亜紀末	6600万年前	250万年間に76%の種が絶滅	ユカタン半島の隕石の衝突による地球環境の激変と寒冷化。デカン地方の火山の活性化とそれによる地球温暖化や海洋の富栄養化と酸素欠乏化。

ビッグファイブのうち、もっとも最近のイベントは白亜紀末（約6600万年前）に起こりました。この大量絶滅は、鳥類型を除くすべての恐竜が犠牲になったことで有名です（恐竜の絶滅については、ほとんどの読者がご存じのことでしょう）。白亜紀末の大量絶滅は、メキシコ・ユカタン半島沖への巨大隕石の落下が契機となったと考えられています。

巨大隕石の衝突は瞬間的に莫大なエネルギーを発散したはずです。これにより、隕石衝突地点の周辺では一瞬のうちに多くの生物が死滅しました。また、衝突地点は海であったため超巨大津波が引き起こされ、多くの陸上生物が犠牲になったとも考えられます。さらに、衝突で粉々になった隕石と地球の岩石が大気中に巻き上げられ、それらの粒子は地表に届く日光を遮りました。その結果、光合成が滞り、食物網は崩壊したことでしょう。また、地球はかなり寒冷化したはずです。堆積物の成分から、大量の酸性雨が降ったとも考えられます。こうした環境の大激変に対応できなかった生物は、絶滅の道を歩むしかありませんでした。

白亜紀末の大量絶滅は、巨大隕石衝突後、一瞬のうちに進んだように想像されるかもしれませんが、実際は違うようです。地層の証拠から、恐竜の絶滅には巨大隕石衝突から250万年もかかったことがわかっています。前述の大激変がそれほど長期にわたって続くとは考えにくいので、巨大隕石の衝突は、さらなる地球環境の激変を誘発したのではないか、と考えられるようになりました。

たとえば、巨大隕石の衝突は地球の火山活動を活性化させた可能性が検討されています。じっさい、衝突と同じころに別の場所で巨大火山噴火が起きた証拠が残っています。インドのデカン高原は、そのとき噴出したマグマが固まって形成した地形です。火山噴火では、二酸化炭素やメタンなどの温室効果ガスも大量に放出されます。噴火後には地球が温暖化したはずです。

もしかすると、隕石の衝突がデカン地方の火山活動を誘発したのかもしれません。噴火により二酸化炭素やメタンをふくんだ火山ガスが大量に放出され、これがもたらす温暖化と火山の冬の複合的な影響が長期間にわたって生物を苦しめた可能性があります。恐竜の絶滅（白亜期末の大量絶滅）も巨大隕石単独の犯行ではなく、巨大火山との共犯という考えが、今は一般的です。

ビッグファイブを凌ぐ大量絶滅が進行中？

先に書いたとおり、最近の生物多様性の喪失の進行度合から、第6の大量絶滅に突入したのではないかと考える研究者が増えてきました。この考えを支持する研究成果も増えています。

たとえば、2011年に『ネイチャー』誌に掲載されたバーノスキーらの論文です[32]。彼らは、レッドリストと化石の証拠を用いて、地球における絶滅の頻度を推定しました。レッドリストは前述のとおり、研究対象種が限定された不完全なリストです。一方、化石に残された生物相も、過去の生物の不完全なカタログにすぎません。どちらの資料も、手に入る数少ない情報であるものの、〝問題アリ〟ということです。バーノスキーらはこうした不確実性の高いデータに対して、いくつもの統計処理を施すことで、蓋然性の高い結果を導きました。

生物学では、絶滅の規模を表す指標としてE／MSY値が使われます。これは、〝100万種・1年あたりの絶滅種数〟、つまり100万種いた場合、そのうち何種が1年以内に絶滅するかを示す値です。絶滅はまれな出来事ですから、100万種を相手にしなければ、1年あたりの絶滅種数は見積もれないのです。

バーノスキーらは化石の記録と現代の絶滅危惧種の記録をつなぎ合わせ、生物の絶滅の歴史の可視化に挑みました。彼らが研究対象としたのは、化石の記録が多く、絶滅危惧種の調査・認定も進んでいる哺乳類でした。

彼らは哺乳類の化石のデータベースから、地球の〝平常時〟のE／MSY値——ビッグファイブを除く時代のE／MSY値の平均値ととらえてください——を1・8と見積もりました。また、レッドリストの記録を用いたコンピュータシミュレーションにより、最近1000年のE／MSY値を求めました。シミュレーションでは、計算の前提を変えると得られるE／MSY値も変わりましたが、もっとも大きな推定値は693・0でした。この値は、化石から求めたE／MSY値の平均値（1・8）よりずっと高かったばかりか、ビッグファイブのE／MSY値に匹敵、もしくはそれよりも高いものでした。この成果が中心となり、生物学者の間では、現在は第6の大量絶滅期であるという考え方が広がっていきます。

しかし、最近1000年の高いE／MSY値をもって、現在を大量絶滅期とみなすのは本当に妥当なのでしょうか。もう少し検討を続けましょう。

ビッグファイブでは、共通して75％以上の種が絶滅しました。そこで、〝絶滅した種の割合〟を尺度として、現在の絶滅の規模を評価してみましょう。IUCNの統計によると、現在進行中の絶滅で実際に失われた種数は1％にも満たないと見積もられています。[23]〝75％の種が絶滅〟が大量絶滅の条件だとすると、現在の絶滅は大量絶滅からはほど遠い状態です。つまり、この観点からは、現在はビッグファイブレベルとはとてもいえません。

ただし、バーノスキーらは同じ論文で、絶滅危惧種がすべて100年以内に絶滅し、その後も同じペースで絶滅が続けば、〝75％の種が絶滅〟というレベルに、わずか240〜540年で到達してしまうことも明らかにしています。ビッグファイブはいずれも、数十万年以上をかけて起こりました。それが、今回に限っては数百年という非常に短い期間で起ころうとしているのです。

この状況を見て生物学者は、「第6の大量絶滅に突入した」と考えています。

回避可能な第6の大量絶滅

第6の大量絶滅ははじまったばかりです。実際に絶滅してしまった種の割合は（データが不完全なためかもしれませんが）、まだ1％以下と考えられています。さらなる絶滅を回避すれば、第6の大量絶滅は止められます。そして、大量絶滅を阻止するために、今がギリギリ間に合うかどうかというタイミングです。

以上から、私たちが大量絶滅回避の瀬戸際に立っていることをおわかりいただけたと思います。過去の大量絶滅は、巨大火山の噴火や巨大隕石の衝突など、自然現象が原因でした。それに対して第6の大量絶滅は、人間活動が原因となっています。そして、原因が人間活動であるならば、巨大火山の噴火や巨大隕石の衝突と違い、自分たちの手で止められる可能性があります。つまり、しっかりと対策を施せば回避可能な大量絶滅なのです。

とはいえ、効果的な対策を講じるためには、人間のどんな活動がほかの生き物たちを絶滅の淵に追いやっているかを具体的に知っておく必要があります。そこで次章では、生物多様性にとって問題になっている人間活動はなんなのか、考えたいと思います。

第3章

4つの禍い
——巨大隕石を凌駕する人間活動の中身とは？

前章では、生命の歴史で過去5回しかなかった〝大量絶滅〟に匹敵する出来事が、私たちの生きる現在の地球で起こりはじめていることを学びました。さらに、その原因は人間活動にあることも知りました。

つまり、人間活動が生物多様性に与えるインパクトは、恐竜たちを絶滅に追いやった巨大隕石と同等以上であるということです。しかし、これには疑問も残ります。巨大隕石並みのインパクトをもつ人間活動とは、具体的に何を指すのでしょうか？ 本章では、この疑問を検討します。

第2章で学んだとおり、生物多様性の喪失問題はすでに〝待ったなし〟の局面にさしかかっています。迅速な行動と対策が求められるのはもちろんですが、瀬戸際まで来てしまった状況だからこそ、〝正しい行動・正しい対策〟が求められます。やみくもな対策が、かえって被害を拡大・加速するというのは、よくある話です。正しい対策を実施するためには、生物多様性喪失の原因となっている人間活動の中身を、正確に理解する必要があります。それを抜きにして、科学的根拠にもとづいた効果的な対策などつくり上げることなどできないのですから。

そこで本章では、生物多様性にとって問題となっている人間活動を紹介していきます。

3-1

禍《わざわ》いをもたらす4つの脅威

人間はほかの生物を憎み、その根絶を目指して日々活動しているわけではありません。生物多様性の喪失は、人間が生活を営むうえで生じた副作用のようなものです。序章で検討したように、人間活動の影響がかくも巨大になってしまったのは、人口が増えたせいともいえるでしょう。

ただ、原因究明の努力をここでやめてしまえば、「人口を減らすことが唯一の解決策だ」というサノスのアイデア以上のものは生まれません。

きっと解決策はほかにもあるはずです。ただし、それを見つけるためには、人口増加に伴い巨大化し、生物多様性への脅威となっている人間活動の具体的な中身を知る必要があります。本書ではすでに、狩りや農地拡大などに触れましたが、この節では、(それらをふくめて)生物多様性の脅威となっている人間活動をリストアップして紹介します。

生物を絶滅に追いやっている人間活動の正体を明かす研究は、すでにいくつかなされています。たとえば、オーストラリア、クイーンズランド大学のショーン・マックスウェルらが『ネイチャー』誌に発表した研究です。[33] 彼らは、ＩＵＣＮにより絶滅危惧種に指定された８０００種ほどを対象に、彼らにとって何が脅威となっているか調べました。そして、農業や都市化と関連した土地利用の変化、生息環境の悪化、乱獲、外来生物、そして気候変動などが主たる脅威であることを指摘しています。

もうひとつの例は、米プリンストン大学の生態学者、デイヴィッド・ウィルコブらによる研究です。彼らは、アメリカ国内に生息する絶滅危惧種、2490種を対象に、手に入るあらゆる資料を利用して脅威の正体を探りました。[34] この研究も、マックスウェルらの研究とよく似た結果を示しています。つまり、生息地の破壊（生息環境の悪化をふくむ）、環境汚染、外来生物、乱獲、病気が主要な脅威として認められたのです。

日本では、生物多様性の保全と持続可能な利用に関する計画として、〝生物多様性国家戦略2012-2020〟が政府により策定されました。[35] 生物多様性への脅威についてもこの中で検討され、4つに分類されています。この4つとは、生息地の破壊をもたらす〝開発など人間活動による危機〟、里山放棄に代表される〝自然に対する人間からの働きかけの縮小による危機〟、外来生物や殺虫剤などそれまで生態系になかったものが原因となる〝人間により持ち込まれたものによる危機〟、そして地球温暖化などの〝地球環境の変化による危機〟です。

そこで次節以降では、以上の3つの報告に共通して登場する、①生息地の破壊、②乱獲、③外来生物の導入、そして④気候変動の4つの脅威の中身を具体的に紹介していきます。

3-2

故郷を奪われた生き物たち——生息地の破壊

本節では、人間活動による〝生息地の破壊〟の影響について掘り下げます。増え続ける人口を支えるには食糧の増産が必要なので、ヒトは農地開発を続けています。同時に、住環境を整備するための都市化も進めています。私たちの暮らしの基盤をつくるこうした活動は、野生生物の住処である自然生態系を破壊し、生物多様性に甚大な影響をおよぼします。

前節で紹介したマックスウェルらの研究によると、絶滅危惧種の68%と38%がそれぞれ、農業活動と都市開発を原因とする生息地の破壊の問題を抱えています（合計が１００%を超えるのは、これら2つの脅威に同時にさらされている絶滅危惧種がいるからです）。先に言及したウィルコブらの研究では、生息地の破壊が絶滅危惧種にとって最大の脅威であると評価しています。

森林に住む命の数

生息地の破壊が野生生物に与える影響を考えるために、日本の森林1km^2にどれだけの生物が生息しているかを考えてみましょう。もしこの広さの森林が失われると、どれだけの命が危機にさらされるかを実感できるはずです。

私は広島県宮島に１haの調査区を設置し、その中で生態学的調査を進めています。瀬戸内沿岸地域の大部分は人間活動の影響を強く受けていますが、古くから神域として保護されてきた宮島は別です。１９２９年に天然記念物（主峰をなす瀰山《みせん》を中心とした地域が対象）に指定され、１９５０年に国立公園に編入され、１９９６年に世界文化遺産に指定されたこともあり、宮島の森林の破壊の度合いは低く抑えられています。人間活動の影響を受ける前の状態に近いはずです。

調べてみると、この１haの調査区には、おおよそ２３５０本の樹木が生えていることがわかりました。[36] これを人間活動の影響を受けていない森林における樹木個体の頻度と考えれば、１km^2の森林には23万５０００本の木が生えていることになります。

では、森林には節足動物はどれくらいいるでしょうか？　長野県の針葉樹林でトビムシの個体数をかぞえた研究があります。[37] トビムシとは体長数ミリほどの昆虫で、土壌中に生息し、落ち葉などを栄養源にしています。この研究によると、トビムシは面積わずか1m^2の土の中に約4万匹もいるそうです。１km^2の土には、４００億匹のトビムシが生息していると見積もれます。ダニも個体数が多く、１m^2の土の中におよそ1万匹もいるといわれるので、[37] １km^2には１００億匹ほどいそうです。１km^2の森林は、世界人口を軽く超える数の節足動物の生活の場になっています。

私は通勤時、バスの中から広島大学の横にある鏡山を眺め、「この山にはいったいどれだけのタヌキやイノシシ、キツネがいるのかなぁ」と想像することがあります。こうした疑問を抱くのは私だけではないようで、森林に生息する野生生物の数の推定に挑んだ研究者が多くいます。こうした挑戦の成果をいくつか紹介しましょう。

51haの敷地をもつ東京都港区の赤坂御用地には、タヌキが生息しています。そして、このタヌキの個体数に関する生態学的調査がなされました。[38] それによると、1km^2あたり52頭という生息密度が推定されています（この生息密度は、ほかの森に比べると少し高いのではないかと疑われています）。ニホンジカの生息密度も群馬県のブナ林で推定されました。[39] ここでの推定頭数は1km^2あたり6頭でした。

以上に示したのは、森林に住む生き物のほんの一部です。この何百倍もの生き物が、森林を生活の場として使っています。もし1km^2の森林が農地や都市につくり変えられてしまったら、生息地を奪われる生き物がごまんと出るのです。

FAOの統計を見ると、1990年以降、天然林の面積は世界で289万km^2も減ってきたことがわかります。[5] なんと、日本の領土の総面積（37万8000km^2）の7・6倍に相当する広さです。人間はわずか30年くらいの間に、こんなにも広い面積の森林を破壊してしまいました。森林消失とともに失われた命は、いったいどれほどにおよんだのでしょうか……。

遅れてくる絶滅

生息地の破壊がどれだけ多くの生物個体に悪影響をおよぼすか、イメージしていただけたと思います。では、生息地の破壊は種の絶滅とどのような関係にあるのでしょうか。

序章で紹介したとおり、人類は地球上の耕せそうな場所の半分をすでに耕してしまいました。徹底的に開発し尽くされ、原生の自然がまったく残っていない地域もあるでしょう。一方で、実際に絶滅してしまった種数の割合は1%以下だという推定値を2－4節で紹介しました。開発の進行のわりには、種の絶滅はあまり進んでいません。もしかすると、生息地の破壊は生物個体の死（地域的絶滅）を招くものの、種の絶滅まではもたらさないのでしょうか。

米デューク大学で保全生態学を教えるスチュアート・ピムらは『ネイチャー』誌上で、今示したような考えはあまりにも楽観的すぎると警鐘を鳴らしました。[40]

多くの種は、ある程度広い範囲にまたがって分布しています。ですから、生息地が多少破壊されたとしても、生息地の一部が使い物にならなくなるだけで済みます。開発を免れた生息地で、その種は存続できるということです（ただし、失われた生息地の分だけ個体数は減少します）。

しかし、その後も生息地が蝕まれ続ければどうなるでしょうか？　やがて生息地の最後の残骸まで破壊されるでしょう。そしてこのとき、種は絶滅を迎えます。たとえ、現時点で絶滅してしまった種が少ないとしても、ゆっくりと、しかし着実に絶滅への道を進んでいるのです。

ピムらは、生息地の破壊の度合いが閾値を超え、種の絶滅が頻発し、生物多様性が急速に失われる時代が近い将来にやってくると予測しています。絶滅は開発に遅れてやってくるのです。

生物多様性ホットスポット

ここまでは生息地の破壊を生物多様性喪失の視点から眺めてきましたが、本項では、生物多様性保全の視点から生息地の破壊を考えてみましょう。

2−3節では、絶滅危惧種が100万種を超えるという数字を紹介しました。さあ、大変です。彼らを保全する活動が必要です。しかし、保全の対象が多すぎて、人的資源も活動資金もとても足りません。すべての絶滅危惧種を保全の対象にするのは現実的ではなさそうです。とすれば、保全対象になんらかの優先順位をつけるしかないでしょう。

『沈みゆく箱舟――種の絶滅についての新しい考察』を著したことでも有名な、生物多様性を専門とするイギリスの生態学者、ノーマン・マイヤーズらは2000年、保全対象の優先順位について議論する論文を『ネイチャー』誌に発表しました。[41] 彼らのアイデアは、特定の種を保全対象として選ぶのではなく、保全対象とする地域を選ぶべきというものでした。この方法にどのような利点があるのか、くわしく説明しましょう。

「多くの種は、ある程度広い範囲にまたがって分布している」と先に書きましたが、地球上のどこにでも現れる種はまれです――ヒトやヒトに連れられて移動した家畜・ペットくらいでしょう。ほとんどの生物は限られた移動・分散能力しかもたないため、山や川や海などによって分布の拡大が制限され、地理的に限られた範囲にしか分布しません。

分布域の広さを種間で比べると、ばらつきがあることがわかります。広く分布する種もいれば、狭い範囲にしか分布しない種もいるのです。その理由としてまず挙げられるのは、種ごとの移動・分散能力の違いです。能力の高い種のほうが広い分布域をもちます。

加えて、進化の歴史も分布域の広さを左右します。種分化を完了してから長い時間が経過した〝古い種〟と、最近現れた〝新しい種〟を思い浮かべてください。古い種のほうが当然、より長い時間、移動・分散をしてきたはずです。その結果、たとえ両者の移動・分散能力が同等だとしても、古い種のほうが広い分布域をもつことになります。

中には分布域が極めて狭く、ごく限られた地域にしか出現しない種もいます。そういう種はその地域の〝固有種〟と呼ばれます。たとえばムササビ、ニホンザル、アオダイショウ、ニホンイシガメ、シマヘビ、ブナ、マテバシイなどは日本列島でしか見ることのできない固有種です。

固有種は、そうでない種に比べると絶滅しやすくなります。分布域が限られていると、すべての分布域が破壊されやすいからです。生息地の破壊による〝絶滅の閾値〟が低いということです（分布域が狭いために絶滅してしまった生き物の実例は、4－1節で紹介します）。

世界を見渡すと、固有種が多く生息している地域もあれば、固有種があまり分布していない地域もあります（この不均一をもたらす理由については、諸説あります）。マイヤーズらは、もっとも優先的に保全活動をおこなうべき場所は、固有種が多く生息する地域だと提案しました。

マイヤーズらが固有種に目をつけた理由は2つあります。ひとつ目の理由は、先ほど考えたと

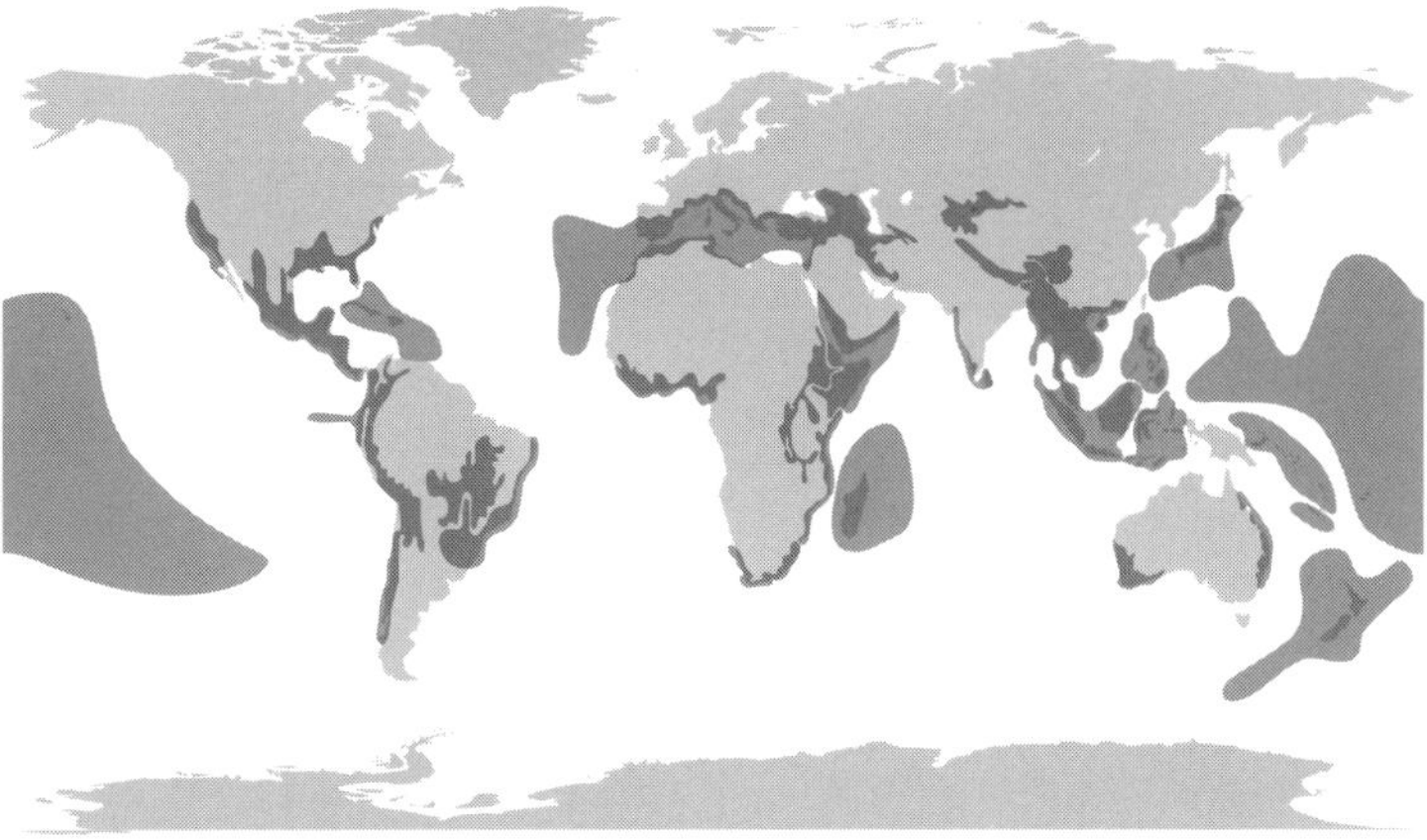

図8 ▶ 生物多様性ホットスポットの分布（CIジャパンの図[42]をもとに作成）。影がついている部分が生物多様性ホットスポット

おり、分布域の小さい固有種は生息地の破壊により絶滅しやすいことです。もうひとつの理由は、固有種の保全は別の地域ではかなえようがないことです。

後者の理由を理解するために、保護区を用いた生物保全について考えてみましょう。生物保全策として、人間活動を制限する保護区を設置する方法がよく採用されます。仮に、日本国内に保護区をつくったとしましょう。これは、日本に生息する種の保全につながると期待できますが、当然、インドネシアの固有種の保全にはまったく役立ちません。インドネシアの固有種の保全は、インドネシアでおこなうしかないのです。こうした前提からマイヤーズらは、保護区をつくるならば、固有種がたくさんいる場所に優先的に設置すべきと持論を展開しました。

マイヤーズらは、①固有種をたくさんふくんでおり、かつ、②自然生態系の70％以上が人間活動により改変されてしまった地域で、優先的に保全活動をおこなうべきと主張しました。こうした場所でさらなる開発が進めば、近いうちに本当に固有種が絶滅してしまうと考えたからです。そしてこの2つの条件を満たした地域を〝生物多様性ホットスポット〟と名づけました。

この研究で彼らは、世界中に生物多様性ホットスポットが25ヵ所もあることを発見しました。その後も、生物多様性ホットスポットの探索は続けられ、2022年現在、その数は36ヵ所に増えています（図8）。

私たちの住む日本列島が、生物多様性ホットスポットのひとつであることも判明しました。島嶼域にある日本は、豊富な固有種に恵まれている一方で、土地改変も急速に進んでいるからです。日本の固有種の存続が世界から心配されているのです。

道を1本敷いただけで

生息地が完全に消失したわけではなく、部分的に破壊されただけでも、生物が絶滅することがあります。生息地の部分的な破壊は、完全な破壊に比べると見えにくい脅威です。生息地の部分的な破壊の例として、道の敷設が生物多様性におよぼす影響について考えてみましょう。

道は私たちの生活に欠かせません。ヒトは道をせっせとつくり続け、気がつくとずいぶん長い道を敷いてしまいました。アメリカ政府機関の統計によれば、世界の道の総延長距離は、640

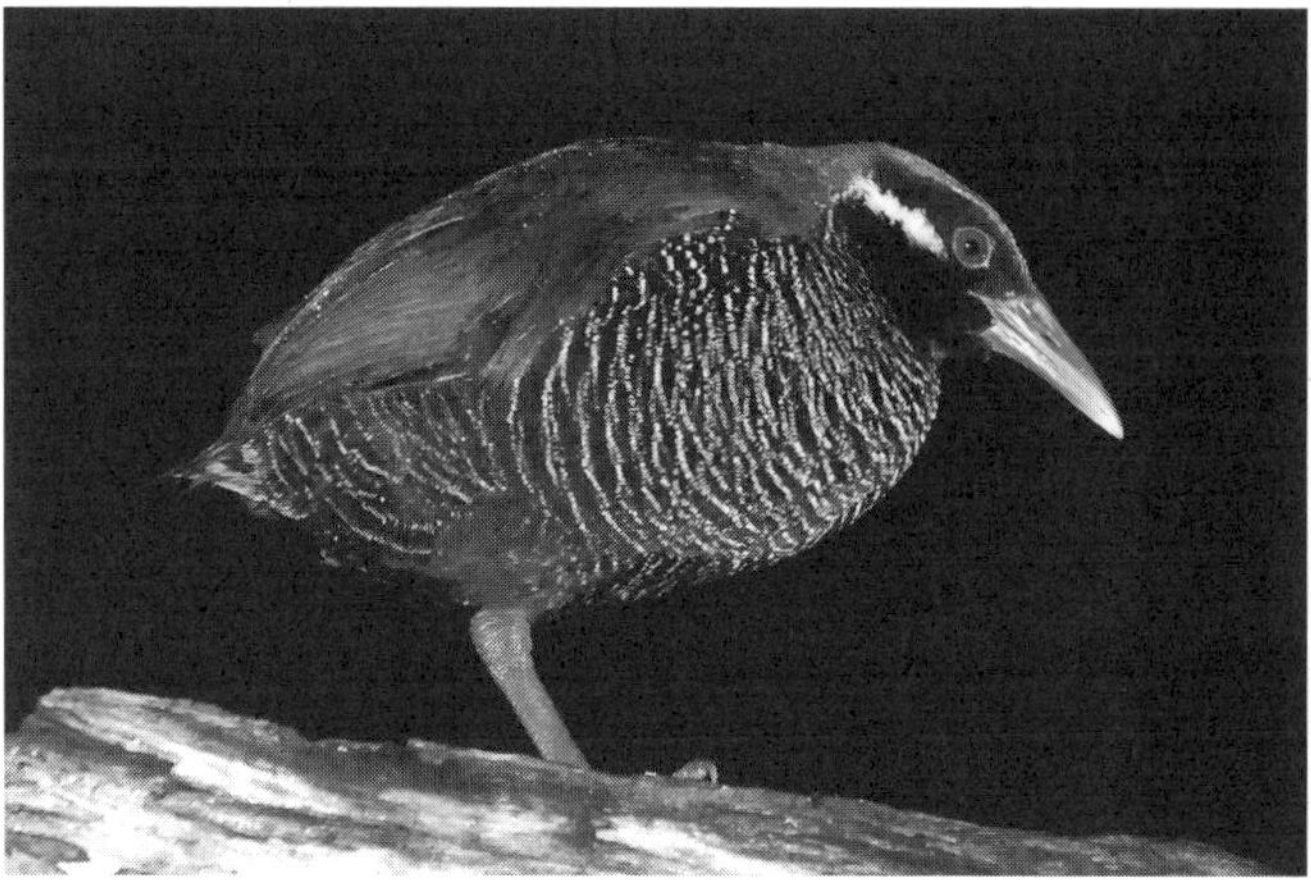
ヤンバルクイナ（写真提供：Archives21 / PPS通信社）

0万㎞にもなるそうです[43]。数字が大きすぎてちょっとイメージしにくいですが、地球と火星がもっとも接近したときの距離が5500万㎞ほどですから、とんでもない長さです。

野生生物には、環境の変化に敏感な種がいます。こうした種にとっては、その生息地に新たな道が1本通されただけで大問題となりえます。

たとえば、交通事故でけがをしたり命を落としたりする野生生物が増えることは、想像に難くありません。沖縄東北部に固有の絶滅危惧種の鳥、ヤンバルクイナは、毎年数十羽が交通事故で命を落としています[44]。

森林に通した林道が野生生物の脅威になることもあります。熱帯域で生活する人の中には、狩猟を生業とする人（ここでは〝ハンター〟と呼びます）が少なくありません。彼らは、熱帯雨林に生息する野生生物を狩りの対象にすることがあります。

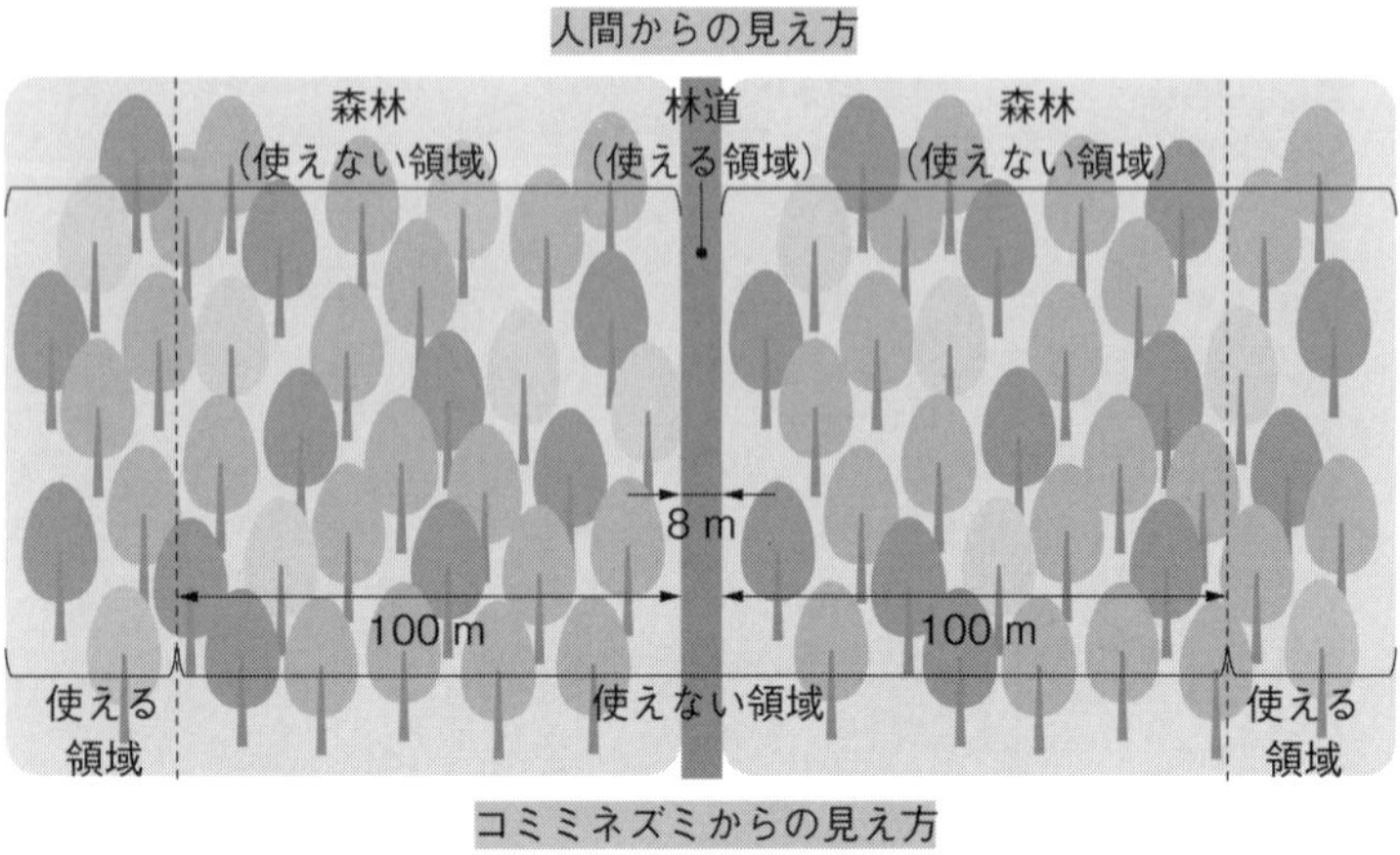

図9▶エッジ効果

ただ、道が整備されていない原生林での移動は困難で、ハンターはふつう、その奥地まで入ることができません。奥地に潜む野生生物がハンターに狩られるリスクは、通常はほとんどゼロなのです。

そこに林道が通されるとどうなるでしょうか？ ハンターは林道をたどって、森の奥まで容易に侵入できるようになります。結果として、野生生物の狩られる可能性が上昇してしまうのです。

道が野生生物に与える影響は、狩られるリスクの増大だけではありません。

ある動物の生息地に道を敷けば、路上という限られた部分ですが、必ず生息地を奪うことになります。さらに、〝エッジ効果〟が加わると、事態は悪化します。エッジ効果は、ほとんどの人にとって聞きなれない言葉でしょうから、林道を例に説明しましょう。

森林に通した道の両側は、たとえ木が生えていたとしても、道から離れた森林内部とは環境が異なります。典型的には日射量や風の強さが変わります。林道の両側のような、森林の周縁部分に現れる環境の変化がエッジ効果です。

環境の変化に敏感な生物は、エッジ効果が現れた範囲では生活できません。林道の両側は私たちからは森林の一部に見えますが、一部の動物にとっては、森林とはとらえられないのです。その結果、道の真上だけでなく、両側の相当の範囲が彼らの生息地から除かれてしまいます。

エッジ効果がおよぶ範囲は種によって異なることが知られています。私はマレーシアのジャングルに通された林道で、野生生物（とくにネズミなどの小型哺乳類）に働くエッジ効果を調べたことがあります[45]。この研究では、森林に住むコミミネズミが、林道の両脇の幅100mの範囲にはほとんど出現しなくなることがわかりました（図9）。マレーシアの林道の幅員は、たかだか8mしかありません。しかし、その両側100mが使えないコミミネズミにとっては、幅員208mの道が森の中に通されたようなものでしょう。

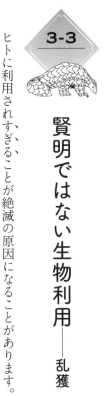

3-3

賢明ではない生物利用——乱獲

ヒトに利用されすぎることが絶滅の原因になることがあります。いわゆる乱獲です。この脅威

センザンコウ（写真提供：Alamy / PPS通信社）

にさらされている種は多く、3－1節で紹介したマックスウェルらの研究によると、乱獲は絶滅危惧種の78％（6241種）の脅威となっています。[33] 2－3節で紹介したミナミマグロも、第6章で登場するラッコも、乱獲により危機に瀕しています。6241種もの絶滅危惧種が乱獲の脅威にさらされているのですから、具体例を挙げればキリがありませんが、ここでは一種だけ紹介しておきましょう。センザンコウです。

体を硬いうろこで覆われたセンザンコウは、アフリカとアジアの熱帯域に生息します。私の調査地があるマレーシアには、ネコよりひと回り大きいくらいのマレーセンザンコウが生息しています。20年ほど前までは、ジャングルを歩けばちらほら遭遇したものですが、最近はめっきり見かけなくなりました。

センザンコウのうろこは薬になると信じられ、

高値で取引されます。このため、各地でセンザンコウが乱獲され、急速に絶滅に近づいているのです。個体数がひどく減っているため、商業目的の国際取引は2016年から禁止されています。それでも密猟・密輸が後を絶たず、センザンコウは世界でいちばん密猟されている哺乳類といわれるほどです。皮肉なことに、うろこの薬効は科学的に認められていません（認められたからといって、乱獲が許されるわけではありませんが）。

センザンコウが置かれた地獄のような状況を示す、私の経験談をお話ししましょう。

2010年（商業目的の国際取引が禁止される前）、私がマレーシアの奥地で調査をしていたときのことです。調査地が人里からあまりにも離れていたので、キャンプを張りながらの調査でした。野外調査は地元で人手を借りて実施するのがつねですが、このときは、調査地の山で実際に生活している原住民に手伝ってもらいました。調査中、彼らはしょっちゅう何かを探すそぶりを見せるのです。倒木のウロなどに出くわすと、必ず中を確認していました。何をしているのか気になって訊いてみると、「センザンコウを探しているんだ。あれは金になるからね」と教えてくれました（調査中、センザンコウが見つかることはありませんでした）。

この会話は、こんな山奥にまで、仲買人が定期的にセンザンコウの買いつけに来ることを示唆しています。そして私は、こんな山奥にもセンザンコウの安住の地はないことを悟ったのです。

3-4

〝よそもの〟がもたらすもの——外来生物

外来生物による影響も侮れません。3-1節で紹介したマックスウェルらの研究によると、絶滅危惧種の29%がこの悩みを抱えています。[33]

しかし、〝外来生物〟という言葉には、釈然としないところがあると感じている読者も少なくないと思います。外来生物は〝よそもの〟のことだと見当はつきますが、具体的にはいったい何を指しているのでしょうか？　まずは、この疑問を掘り下げてみます。

あなたは外来生物？

外来生物とは直感的に、本来は分布しないはずの場所に、ほかの地域から侵入してきた生物を指すと思われるでしょう。しかし、この定義は曲者です。一例として、日本列島におけるヒトはどのように扱われるべきなのか、考えてみましょう。

ヒト（ホモ・サピエンス）は、20万年ほど前にアフリカ大陸で生まれました。だとすると、アフリカ以外の地域は、〝ヒトが本来は分布しないはずの場所〟なのかもしれません。さすれば、日本列島ではヒトも外来生物にあたるのでしょうか？　あなたも私も外来生物なのでしょうか？

日本人が外来生物だといわれると、どうもしっくりきません。こうした問題をつねにはらんでいるので、外来生物の定義には慎重にならざるをえないのです。納得のいく定義のカギを握るのは、どのようにして侵入したかです。

そこで本書では、外来生物を、「人間活動によって意図的もしくは非意図的にほかの地域から持ち込まれた事実がはっきりしている生物」と定義します。* 以下に紹介するように、ヒトは利用するために、本来その地に生息していない生き物を意図的に持ち込むことがあります。はたまた、大量に持ち込まれる物資に紛れて非意図的に生き物が侵入することもあります。

さて、このように定義すれば、ヒトが外来生物に当たらなくなるだけでなく、それ以外の生物もうまく整理できるようになります。タイワンザル、ヌートリア、アライグマ、カミツキガメ、ウシガエル、ヒアリ、オオキンケイギク、ハルジオンといった種は、いずれも人間により導入された、日本列島における〝外来生物〟です。

私たちの身近にも外来生物は紛れています。たとえばネコです。ネコは中東で約1万年前にヒトに飼いならされはじめ、その後ヒトとともに世界中に広がりました。日本列島も例外ではありません。ネコはもともと日本列島には生息していませんでしたが、日本の書物には8〜9世紀ごろから登場しはじめるので、遅くともこのころには持ち込まれていたことがわかります（弥生時代にはすでに生息していたという説もあります）。ネコはヒトにより持ち込まれたことがはっきりしているので、日本では外来生物です。

外来生物はときどき、外来生物が導入される以前から生息していた生物（本書では〝在来生物〟と呼ぶことにします）の脅威になることがあり、場合によっては在来生物の絶滅をもたらします。外来生物が在来生物に与える悪影響はさまざまですが、次の5つに大別できます。すなわち、外来生物に①食われる、②追い出される、③病気（感染症）をうつされる、④繁殖を妨害される、⑤外生息地を荒らされるというものです。次項から、これら5つの悪影響を順に説明していきます。

＊外来生物による生態系や生物多様性への悪影響の重大性を考慮し、日本では〝外来生物法（特定外来生物による生態系等に係る被害の防止に関する法律）〟が制定されています。環境省は、この法律における外来生物を、明治時代以降に日本に導入された生物種に限定しています。つまり外来生物法では、明治時代以前に導入された生物種は規制対象になりません。このように、外来生物の定義はさまざまなので、注意してください。

新たな捕食者

まずは、外来生物が新たな捕食者として在来生物に悪影響をおよぼす例を2つご紹介します。どちらもかなり身近なところに見つかる例です。

外来生物が在来生物を食べつくすモデルに当てはまるのが、オオクチバス（ブラックバス）です。スズキの仲間で、北米原産のオオクチバスは、実業家の赤星鉄馬の計画のもと、食用として1925年に日本に導入されました。[46] しかし、狙いは外れて食用としては根づきませんでした。

オオクチバス

根づかなかった原因としては、身に独特の臭みがあり、日本人の口に合わなかったからともいわれますが、この説明には少し違和感も残ります。というのも、私はオオクチバスの身をから揚げにしておいしくいただいた経験があるからです。身の臭みはほとんど気になりませんでした。それから、留学経験のある学生から聞いた話ですが、アメリカではオオクチバスはレストランでも提供される一般的な食材だそうです。

いずれにせよ、食用としては当ての外れたオオクチバスですが、釣りの対象としては魅力的でした。釣りの標的として日本各地に放たれたのですが、これが大悪手でした。

オオクチバスは食欲旺盛な魚です。和名の由来にもなった大きな口で、昆虫類やエビなどの甲殻類、かなり大きな魚類も捕食します。動くものなら何でも食べるといわれるほどの貪欲さです。彼らの餌食になることで、水系にもともといた動物の個体数が激減してしまいました。一方、オオクチバスの個体数は増加し、やがて水路をつたって下流にある生息可能な場所（止水域や流れの遅い流水域）へ移動し、そこで同様の問題を引き起こしました。今や、日本各地のおびただしい数の野池やダムで、オオクチバスによる生態系の破壊が進んでいます。

もうひとつの例はネコです。2－2節では、世界にネコが6億頭いるという統計を紹介しました。ここでは、ネコが捕食者として在来生物に与える影響について考えてみます。

ネコは室内だけで飼われることもありますが、自由に屋外に出ることが許される形で飼育される場合もあります。こうしたネコは、時として生物多様性に悪影響を与えていることが明らかにされています。というのも、多くの野生生物がネコの狩りの犠牲になっているからです。アメリカ国内だけで、放し飼いのネコにより年間40億羽の鳥と223億頭の哺乳類が殺されている、という推定があります。[47]

飼い主がおらず野生化したネコも、生物多様性への脅威です。日本で大きな問題となっているのは、固有種に対する野良ネコたちの影響です。小笠原諸島では、19世紀にオガサワラマシコやオガサワラガビチョウといった鳥が絶滅しましたが、ネコによる捕食がその原因のひとつだったのではないかと疑われています。[48] 奄美大島でも、ネコの捕食によるアマミノクロウサギ（奄美大島と徳之島の固有種で、特別天然記念物と絶滅危惧種に指定されています）の個体数減少が問題となっています。[49] つまり、多くの在来生物が野生化したネコに食われているのです。

IUCNは外来生物問題の解決にも貢献していて、導入先で生態系や人間活動へ強い影響を与

アマミノクロウサギ（写真提供：Archives21 / PPS通信社）

えている種を選定し、〝世界の侵略的外来種ワースト100〟として発表しています。[50] オオクチバスもふくまれるこのリストには、ネコを見つけることができます。その理由はいま述べたとおりですが、ネコが最悪の外来生物のひとつであるというのは、多くの人にとって意外な事実ではないでしょうか。

以上が、外来生物に食われてしまうという悪影響の例です。ここで紹介した以外にも、多くの外来生物が同様の問題を引き起こし、在来生物が悪影響を受けています。

資源の強奪による追い出し

次に紹介するのは、「外来生物に追い出される」という影響です。

生き物はすべて、生存するために特定の資源（餌や住処となる空間など）を必要とします。個体数が増えれば、いずれは全個体が要求する資源の総量が環境からの供給量を上回ります。この場合、同じ資源を必要とする個体は、それをめぐる熾烈《しれつ》な競争にさらされることになります。

外来生物の資源要求が在来生物のそれと重なってしまった場合、やはり両者の間で資源をめぐる競争が勃発します。この競争により在来生物は、生存、成長、繁殖のどれか（または全部）に悪影響を受けます。外来生物との競争に敗れた在来生物は、従来の生息地から追い出される（地域的に絶滅する）ことになります。これに当てはまる身近な事例を紹介しましょう。

〝ミドリガメ〟の名前でなじみが深いミシシッピアカミミガメは、北米が原産地です。導入当初の1950年代には高級なペットとして扱われました。ところが、繁殖が容易なために日本国内で大量に養殖され、供給過多となり値崩れを起こしました。そして、日本各地に大量に流通したのです。動物の管理が甘かった時代ですから、日本各地に運ばれたミシシッピアカミミガメはいたるところで野外に逸脱し、野生化しました。いまや、日本でもっともよく見かけるカメといってもいいでしょう。

日本でのミシシッピアカミミガメの優占を物語る数字があります。2016年に環境省がおこなったミシシッピアカミミガメの個体数の推定です。[51] これによると、日本国内で野生化したミシシッピアカミミガメは約800万匹もいるそうです。同じ調査で、在来のニホンイシガメの個体数は100万匹に満たないと見積もられたのと比べると、いかに外来のカメが幅を利かせているのかよくわかります。

ミシシッピアカミミガメ
（写真提供：Digital Network / PPS通信社）

ニホンイシガメ
（写真提供：Alamy / PPS通信社）

かつての日本では、野池に浮かんだ倒木などの上で甲羅干しをしていたのはニホンイシガメでした。しかし今では、ミシシッピアカミミガメがそうした場所を占拠するようになっています。

ニホンイシガメがミシシッピアカミミガメに奪われたのは、甲羅干しに適した場所だけではありません。ニホンイシガメより体格で勝るミシシッピアカミミガメは、餌をふくめた生活に必要なあらゆる資源を略奪し、ニホンイシガメを住みにくくさせています。これが、在来生物（ニホンイシガメ）が外来生物（ミシシッピアカミミガメ）に追い出されている例です。

新しい病原体の持ち込み

外来生物が病気（感染症）を持ち込むこともあり、在来生物の脅威となっています。

動物の体には、さまざまな病原体に打ち勝つしくみ（免疫）が備わっていますが、初めて遭遇する病原体にはうまく対応できないことがあります。2020年以降に世界中で大流行した新型コロナウイルス感染症（COVID–19）がいい例です。

しかし、生物が新しい病原体に遭遇する機会などめったにないはずです。病原体自身の移動能力は低いので、自力で分布域を広げることはほぼありえません。ただし、病原体に感染した個体（宿主）が〝運び屋〟になれば、話は別です。宿主となった個体がヒトの手により分布域の外に持ち出されれば、宿主とともに病原体が分布を広げることもあります。

つまり外来生物は、在来生物にとっての〝新しい病原体〟を運び込むリスクをもつのです。外来生物が持ち込む病原体は、外来生物自身にとっては長い間共存してきた相手で、問題になりません。しかしそれは、在来生物の免疫系にとっては未知の病原体で、対抗手段のない危険な存在かもしれません。こうした場合、在来生物の間で感染爆発が起こる可能性があるのです。

外来生物が病気を持ち込んだ例はいくつも知られていますが、ここではひとつだけ紹介します。ネコ（前述のとおり、日本において外来生物です）が運び屋となったネコ免疫不全ウイルス（FIV）です。

長崎県の対馬には、絶滅が危惧される在来生物、ツシマヤマネコ（ベンガルヤマネコの亜種）が生息しています。その集団に、1997年から突如としてFIVに感染した個体が現れはじめました。[52] FIVは、もともとツシマヤマネコがもっていたウイルスではないので、何者かにうつされたとしか考えられません。その後のさまざまな調査により、対馬に持ち込まれたネコから感染したことがほぼ確実と認められました。現在も、FIVによるツシマヤマネコの減少が懸念され

ツシマヤマネコ（写真提供：Archives21 / PPS通信社）

ています。

繁殖を妨げる存在

ある種が別の種の繁殖に悪影響をおよぼすことを、〝繁殖干渉〟と呼びます。外来生物は在来生物への繁殖干渉を引き起こすことで、問題となることがあります。日本におけるセイヨウタンポポ（外来生物）とカンサイタンポポ（在来生物）を例に紹介しましょう。

ヨーロッパ原産のセイヨウタンポポが日本へ持ち込まれたのは、19世紀末のことのようです。牧草の種子に紛れて、アメリカ経由で北海道に持ち込まれたのが最初ではないかといわれています。日本でのセイヨウタンポポの分布拡大に関する記録を最初に残したのは、高名な植物学者、牧野富太郎です。牧野による1904年の記録には、今後セイヨウタンポポは北海道のみならず、日本各地に分布を広げてしまうのではないか、との懸念が記されています[53]。

牧野の予想は残念ながら的中してしまいました。セイヨウタンポポは急速に勢力を広げ、いまや日本人にとってもっとも身近なタンポポです。反対に、在来生物であるカンサイタンポポは田園部でなければお目にかかれない、ややまれな種に成り下がってしまいました。

この状況は、ミシシッピアカミミガメ（外来生物）とニホンイシガメ（在来生物）の関係と重なって見えます。つまり、外来生物のセイヨウタンポポと在来生物のカンサイタンポポが直接的に生息場所をめぐり競争し、その争いに負けたカンサイタンポポが追いやられていると解釈できそうです。このわかりやすい構図はかつて、〝タンポポ戦争〟と仰々しく報じられたこともありますが、正しくありません。もともと、この2つの種は競争などしていなかったのですから。

セイヨウタンポポが生息しやすいのは、土地開発などで裸地化した場所や、路傍のようなヒトが頻繁に踏み荒らす場所です。一方、カンサイタンポポはそういう場所を好まず、田んぼや畑の畔《あぜ》などに生息します。そもそも生育する場所が違うのですから、生息地をめぐる競争など起こりえません。

こうした両種の生息地特性の違いから考えると、私たちのまわりでセイヨウタンポポがはびこりはじめたのは、人為的な開発により、私たちのまわりにセイヨウタンポポの生育可能な場所が増えたせいだと考えられます。一方、カンサイタンポポの減少は、都市部からカンサイタンポポの生育に適した農地が減少した結果でした。

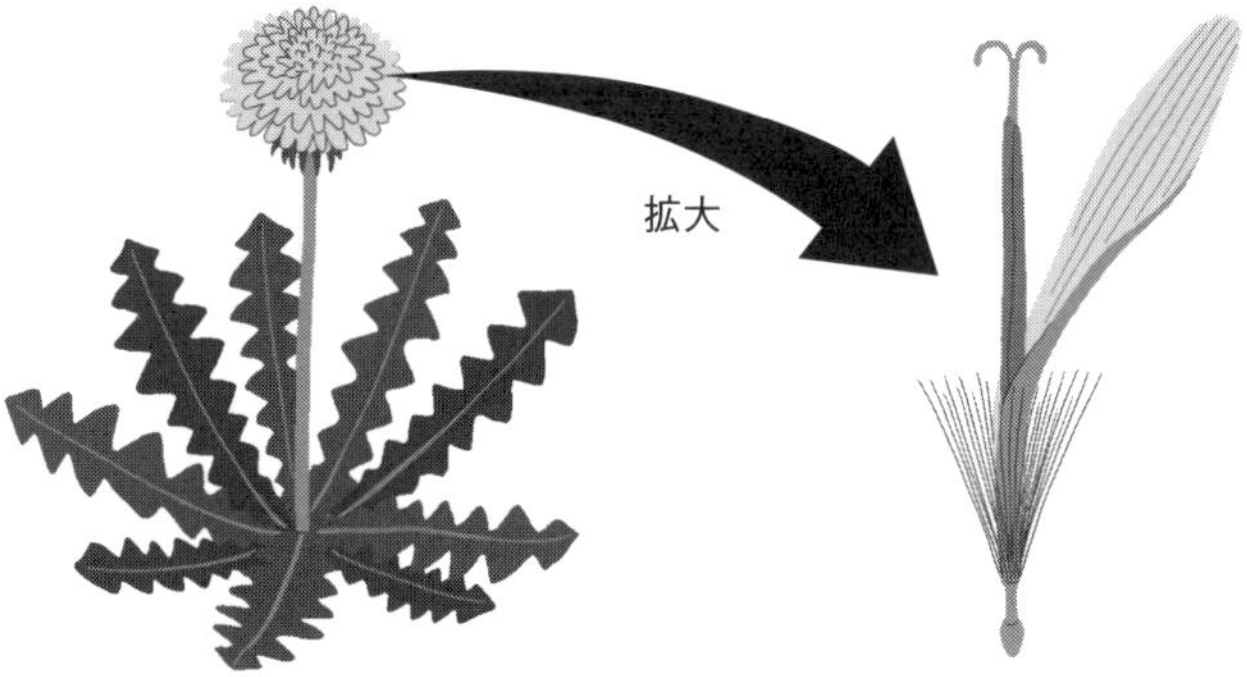
たくさんの花びらをもつ
ひとつの花のように見えるが……
花びらに見えるのがひとつの花
（1本の花茎に150ほどの花が咲く）

図10▶タンポポの花

とはいえ、セイヨウタンポポがカンサイタンポポへまったく問題を引き起こしていないというわけでもありません。カンサイタンポポに対する繁殖干渉です。繁殖干渉は繁殖に対する悪影響ですから、繁殖干渉のしくみの前に、各種の繁殖方法を簡単に説明しておきましょう。

タンポポの花

タンポポの花を思い出してください。ひとつの黄色い花が花茎の先端についているさまを思い浮かべた人が多いのではないでしょうか。そして、この黄色い花はたくさんの花びらで構成されているように見えます。以上が一般的なタンポポの花の認識だと思いますが、残念ながらこの見立ては生物学的には誤りです。

じつは、花びらに見えている部分の一つひとつが、独立した小さな花なのです（図10）。つまり、たくさんの花が花茎の先端に集まって咲いているのが、タンポポなのです。ひとつの花茎には、150個くらいの花が集まって咲くといわれています。

花びらに見えるものの正体が花なのですから、これら一つひとつが、種子をつくる力をもちます。子どものころにタンポポの綿毛を吹き飛ばして遊んだ人は多いと思いますが、ひとつの綿毛が、ひとつの花から発生した種子です（すべての花が順調に種子をつくれば、花の数だけ、つまり約150個の綿毛がつくことになります）。

タンポポの花の構造を理解したところで、セイヨウタンポポとカンサイタンポポの繁殖の説明に移りましょう。

セイヨウタンポポは〝無性生殖〟という変わった方法で種子をつくります。通常、被子植物が種子をつくるためには、花粉がめしべの柱頭につくこと（受粉）が必要です。こうした種子形成の方法は〝有性生殖〟と呼ばれますが、セイヨウタンポポは種子をつくるために受粉を必要としません。特殊な減数分裂（有性生殖に不可欠な細胞分裂。くわしくは5－5節参照）の末、受粉をせずとも種子に発達できる特殊な胚嚢細胞（種子植物で将来種子が生じる部分）を形成するのです。このように、セイヨウタンポポの種子形成過程に受粉はいっさいかかわらず、花粉は不要です。

一方、カンサイタンポポが種子をつくる方法は有性生殖で、受粉が必要です。

さて、無性生殖に花粉は不要なのですが、セイヨウタンポポはわずかに花粉をつくる能力をもちます。そして、セイヨウタンポポのつくるわずかな花粉がカンサイタンポポにとって問題になります。

セイヨウタンポポの花粉がカンサイタンポポのめしべの柱頭に運ばれたらどうなるでしょうか? 多くの場合、種子形成はうまく進みません(まれに、カンサイタンポポとセイヨウタンポポの雑種タンポポが形成されますが、ここでは無視します)。これは当然、およそ150個あるカンサイタンポポの花のうち、セイヨウタンポポの花粉が付着した花の数だけ、カンサイタンポポの種子の数が減ることを意味します。種子が減れば、次世代の個体数が減少します。これが、セイヨウタンポポによるカンサイタンポポへの繁殖干渉です。

セイヨウタンポポがいる限り、カンサイタンポポへの繁殖干渉は続きます。繁殖干渉が世代を越えて繰り返されることで、ついにはカンサイタンポポが絶滅してしまうのではないか、と心配されています。[54]

一方、無性生殖で増えるセイヨウタンポポには、カンサイタンポポからの逆向きの繁殖干渉は起こりえません。直接的な競争ではなく、繁殖干渉により、カンサイタンポポがセイヨウタンポポに駆逐される可能性があるのです。

生息地の破壊——犯人はヒトだけではなかった

最後に紹介する影響は、外来生物による生息地の破壊です。ほかの種の生息地を破壊したり汚染したりするのは、ヒトだけではありません。

ヨーロッパアナウサギ（写真提供：Digital Network / PPS通信社）

カイウサギはヨーロッパアナウサギを家畜化したものです。ヨーロッパアナウサギの原産地はイベリア半島とアフリカ北部と考えられています[23]が、ヒトに運ばれて世界中に分布を広げています。日本列島も例外ではなく、とくに島嶼部でヨーロッパアナウサギの野生化が進行中です。

巣穴を掘って生活するこの動物は、土壌を強く攪乱《かくらん》し、植生（植生とは、ある地域に分布する植物のまとまりのこと）に大きな影響をおよぼします（6−4節でくわしく取り上げます）。巣穴のまわりでは、生息する植物の種数が激減することもわかっています。[55] 生息地の劣化を引き起こすヨーロッパアナウサギはネコと同様、IUCNの〝世界の侵略的外来種ワースト100〟に掲載されていて、[50] 世界中で頭痛のタネになっているのです。

ここまで紹介してきたように、外来生物はいろいろな形で、在来生物に迷惑をかけています。ただ、外来生物が引き起こす問題を前にして、「悪いのは外来生物だ。私たちヒトは関係ない」とは思わないでください。外来生物を持ち込んでしまったのは、意図の有無にかかわらず、私たちなのですから。

3-5

お寒いのがお好き——気候変動

気候変動による絶滅も、多くの種で心配されています。マックスウェルらの研究によると、絶滅危惧種の21％が気候変動により深刻な影響を受けているそうです[33]。生物多様性国家戦略２０１２-２０２０でも、〝第4の危機（地球環境の変化による危機）〟として取り上げられています[35]。

ここでは、気候変動のひとつである地球温暖化に注目します。温暖化の影響は地球全体で一様ではなく、高緯度地域や高地でとくに大きくなるといわれています。

たとえば、北極域では氷帽（面積が5万km^2以下の氷河）の融解や海氷の減少が進んでいます。こうした変化は、アザラシやセイウチ、ホッキョクグマの生活を困難にします。彼らの狩りや子育てには、氷帽や海氷が欠かせないからです。

カナダ・ハドソン湾では、海氷の衰退がホッキョクグマに悪影響を与えています。この地域で

ホッキョクグマの親子（写真提供：Archives21 / PPS通信社）

は以前から、海氷の解ける夏期は、ホッキョクグマにとっては狩りのできない、絶食期間でした。１９９０年代後半以降、地球温暖化のために海氷が解ける時期が早まり、氷結の時期も遅くなることが目立ちはじめました。[56] これはすなわち、ホッキョクグマの絶食期間の長期化を意味します。このため、ハドソン湾のホッキョクグマはやせ細り、健康状態が悪くなっています。[56] 同じ理由で、生まれる子の数や幼少期を生き延びられる子グマの数も減っています。[56]

温暖化に苦しめられているのは、極域の生物だけではありません。標高の高い土地に住む生物の例を紹介します。

北アメリカの山岳部に生息するナキウサギは、暑さに極端に弱く、30℃くらいの気温に30分間さらされるだけで死んでしまうことが知られています。[57] 彼らが温暖化から受ける影響は深刻です。ネバダ州のナキウサギの集団を調べた研究では、１９３０年代に確認されていた集団の多くが１９９０年代までに絶滅し、生き残った集団も

ナキウサギ（写真提供：Digital Network / PPS通信社）

個体数を減少させていたことを明らかにしました。[58] ここでは、生息地の破壊などは起こっていないので、温暖化のせいではないかと疑われています。

地球温暖化は今後、どれだけの種に、どれだけの影響を与えるのでしょうか。残念ながら定量的な影響評価はできていません。定性的には、分布域の移動や縮小の影響がもっとも深刻だと予想されます。温暖化が進めば、ナキウサギのように暑さに敏感な生物は、涼しさを求めてさらなる高地に移動するでしょう。[59] しかし、当然ですが、地表の面積は高度とともに減少します。つまり、高地に住む生物の分布域は温暖化とともに縮小してしまうのです。この過程で、生息地を完全に失う種も現れることでしょう。

3-6

脅威はひとつとは限らない

本章では、野生生物に迫る脅威を分類し、それぞれ独立のものとして紹介しました。しかし、各絶滅危惧種が抱える問題は、いずれかひとつの脅威だけとは限りません。むしろ、ひとつの絶滅危惧種は複数の脅威にさらされていると考えるのがふつうです。マックスウェルらの研究もウィルコブらの研究も、多くの絶滅危惧種が複数の脅威にさらされていることを示しています。

たとえば、先に紹介したカンサイタンポポの減少を考えてみましょう。その減少の理由のひとつは、都市部の農地が少なくなったこと――生息環境の人為的な改変――です。加えて、カンサイタンポポは別の脅威にもさらされていました。外来生物（セイヨウタンポポ）による繁殖干渉です。このように、カンサイタンポポは複数の脅威にさらされているのです。

複数の脅威にさらされている種の問題は複雑です。ひとつの脅威を取り除いても、ほかの脅威が残っている限りは、保全の成果が上がらないからです。さらに、脅威が相乗的に作用して、絶滅に向かうスピードが加速度的に上昇する可能性も考えられます。現実の世界は複雑であり、脅威が複数にわたる場合があることを肝に銘じておく必要もあります。

第4章

マンモスが絶滅した理由

——どんな種が人間活動の影響を受けやすいのか？

前章では、生き物たちを絶滅に追いやっている人間活動の具体的な中身——生息地の破壊、乱獲、外来生物の導入、気候変動——を学びました。

しかし、生物の世界を見渡すと、人間活動により個体数を大きく減らしている種もいれば、そうでない種もいます。個体数を増やしているのは、家畜やペットだけではありません。野生動物の中にも、人間のすぐ近くで数を増やしている種がいて、人間との軋轢《あつれき》を深めています。

たとえばイノシシやニホンジカです。環境省がおこなっている自然環境保全基礎調査（一般に「緑の国勢調査」として知られています）は、1978年以降、ニホンジカは日本各地で、イノシシは北関東を中心に生息域を拡大していることを明らかにしました。[60] また、1989年に35万頭いたとされるニホンジカは、2020年には218万頭まで増えたと見積もられています。[61] 同じ期間にイノシシは19万頭から87万頭まで増加しました。

つまり、人間活動のせいで数を減らす種もあれば、そんなものはものともせず、平然と暮らすばかりか、繁栄をつかみとる種まであるということです。では、両者の違いはどこにあるのでしょうか。本章では、人間活動の影響を受けやすい種はどんな特徴をもっているか考えます。

4-1

ヒトとの軋轢

人間活動の影響を受けやすい種の特徴と聞けば、その種の行動学的、生態学的、そして生理学的な特徴（これらを〝生物学的特徴〟と呼びます）を思い浮かべるかもしれません。たしかに生物学的特徴は、人間活動の影響への敏感さと密接に関係することがあります。しかし、生物学的特徴とは別の特徴のせいで、人間活動の影響を受けやすいこともあります。こうした特徴にはたとえば、「人間活動が盛んな場所を（たまたま）生息地としている」とか「人間から（一方的に）興味をもたれる」などが挙げられます。どういうことか、くわしく紹介します。

生息地が限られている種

限られた地域にしか出現しない種（固有種）は、分布域の広い種に比べると、人間活動によりすべての生息地が破壊しつくされてしまう危険が高いため、絶滅のリスクも高くなります。では、そもそも固有種はなぜ分布域を広げない（広げられない）のでしょうか？

種が限られた地域にしか出現しない理由は、いくつか考えられます。移動・分散能力が低いことや、最近種分化を完了した若い種で、分布を広げるだけの十分な時間がなかったことが理由かもしれません。はたまた、生息するために特別な環境を要求し、その要求を満たす場所が極めて限られているせいかもしれません。本項ではこのうち、前者の理由により分布が制限されている種を紹介します。後者に該当する種は、次節で取り上げます。

極端な場合を考えてみましょう。分布域が極度に狭く、数ヵ所だけにしか生息していない種は、人間活動の影響を強く受けます。なぜならば、数ヵ所のうち1ヵ所でも破壊されれば、その種全体への相対的な影響が大きく、それだけ種を維持することが難しくなるからです。さらに、数ヵ所しかない生息地のすべてが破壊されること（＝絶滅）も、十分に起こり得る事態です。

生息域の狭い種がそうでない種に比べて絶滅しやすいことは、化石のデータからも支持されています。デイヴィッド・ジャブロンスキはデイヴィッド・ラウプとともに、化石二枚貝を研究対象として絶滅のパターン（たとえば、分類グループごとの絶滅速度の差異や、食性と絶滅のしやすさの関係など）を調べました。『サイエンス』誌に発表されたこの研究で明らかにされたのは、生息域の狭い種が、そうでない種に比べて絶滅しやすいことでした。[62]

生息地が極端に狭いために、生息地破壊の脅威をもろに受けてしまった生き物を紹介します。クジラ目に属すイルカの仲間、ヨウスコウカワイルカです。イルカといえば海棲の哺乳類のイメージが強いですが、ヨウスコウカワイルカはその名のとおり中国の揚子江にだけ住む珍しい種です。化石の証拠から、ヨウスコウカワイルカの祖先は約2000万年前には揚子江で生活していたことがわかっています。[63] 2000万年前といえば、日本列島がやっと誕生の兆しを見せはじめたころです（このころ、ユーラシア大陸の東の端で陸地が裂けはじめました。その後、長い時間をかけて完全に大陸から離れた陸地をもとに形成されたのが、日本列島です）。日本列島が形を変えるほどの長い期間、ヨウスコウカワイルカの系統は揚子江で世代をつないできました。

そんなヨウスコウカワイルカが現在、危機的な状況にあります。食肉目的の乱獲や、生活排水などによる水質の悪化、行き交う船舶との衝突事故などにより、個体数を激減させてしまったのです。そして、２００２年を最後に、ヨウスコウカワイルカは一度たりとも目撃されておらず、[63]（ほぼ）絶滅したといってよいでしょう。

ヨウスコウカワイルカは揚子江の固有種です。この種が分布する河川は、ほかにどこにもありません。つまり、揚子江からヨウスコウカワイルカがいなくなることは、地球上からこの種が絶滅したことに相当します。このように、生息地がひとつしかない種は、地域的な絶滅とともに全球的な絶滅にいたるのです。

生息地がヒトと重なる種

生息地がヒトに奪われやすい種がいます。ヒトが生活しやすい場所に生息する種です。

ヒトが生活しやすい場所といえば低地や丘陵地で、山岳地域よりも人口密度が高くなっています。日本の国土は山がちで、およそ3分の2は山地ですが、そこで生活する人口はわずかです。

人口の約8割は、国土の4分の1ほどしかない標高１００m以下の場所に集中しています。

また、ヒトは適度に雨が降り、気温が高い地域を好みます。逆に、雨が少ない砂漠や寒い極域は、ヒトにとって過酷な環境です。

温暖で適度に雨が降る低地や丘陵地は、往々にしてヒトに開発・利用されてしまいます。そしてその結果、不運にももともとこうした場所を（たまたま）生息地としていた種は、生息地を奪われやすいのです。私自身が目にしてきた例を紹介しましょう。

私が長年研究フィールドとしているマレー半島のほとんどの地域は、年間を通して湿潤です（ただ、一部の地域では、降水量が非常に少ない〝乾季〟と呼ばれる時期もあります）。こうした地域では、標高が生物の分布に大きな影響を与えます（マレー半島の最高峰は、標高２２００ｍほどのタハン山）。標高に応じた気候の変化に対応して生える植物の種が変わり、森林は姿を変えるのです。

こうした特徴にもとづき、森林の植生はいくつかに分類されています[64]（図11）。まず、標高８００ｍくらいを境に、それより低いところは〝低地林〟、高いところは〝山地林〟と大きく呼び分けられます。低地林では熱帯アジアを代表するフタバガキ科植物が優占しますが、山地林ではその割合は減り、代わりにブナ科植物やクスノキ科植物の優占度が上がります。さらに、低地林は標高約３００ｍを境界として、それより低いところに発達する〝低地フタバガキ林〟と、それより高いところに成立する〝丘陵フタバガキ林〟に細分されます。低地フタバガキ林と丘陵フタバガキ林に共通して出現する植物もありますが、どちらかにしか分布しない種も少なくありません。

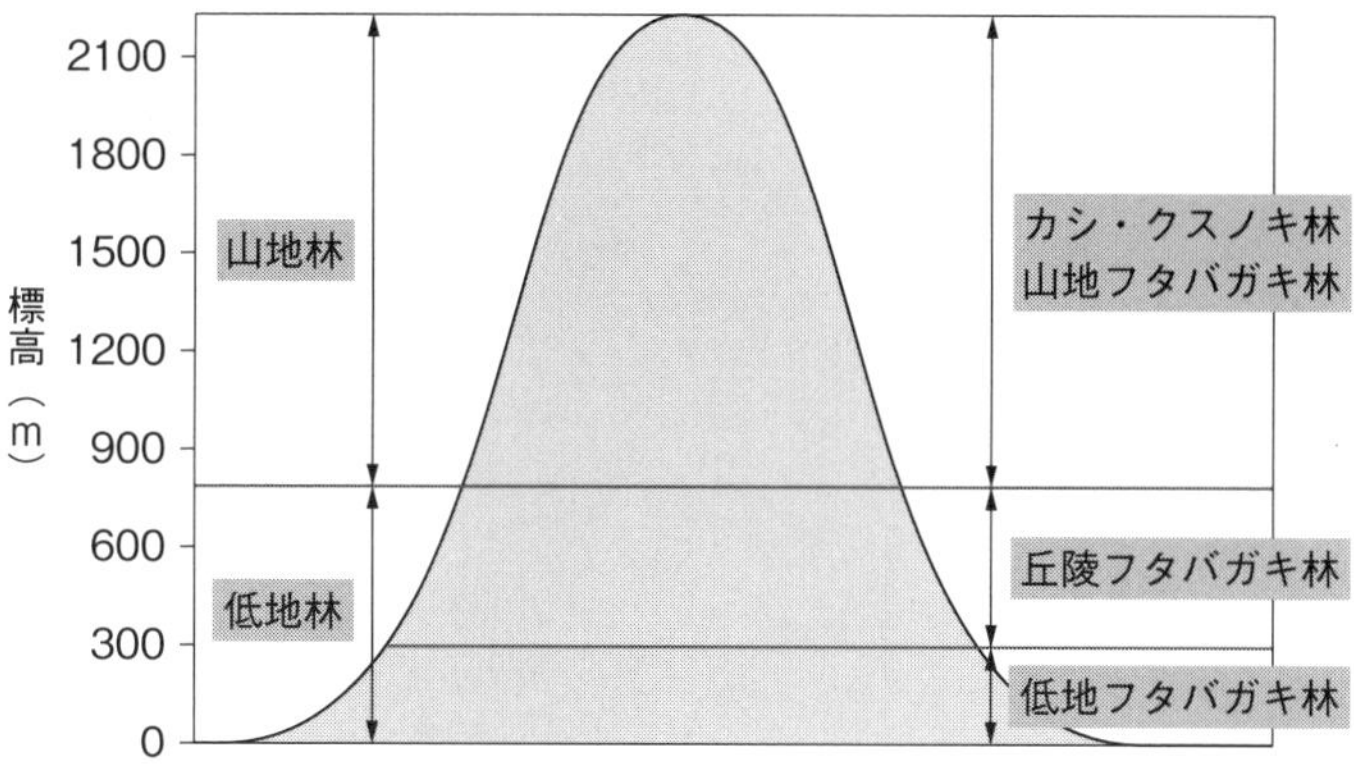

図11 ▶ マレー半島における森林の植生タイプ

以上はかつての常識ですが、標高300m以下に広がっていた低地フタバガキ林は、現在はほとんど残っていません。ヒトの生活域と重なっていたため、破壊されてしまったのです。丘陵地と比べて地形の起伏が小さかったことも、開発が急速に進んだ理由のひとつです。低地フタバガキ林では木材生産のための伐採が進み、その後、ヒトの居住地やアブラヤシ園・ゴム園などの農地に置き換わってしまいました。この過程で、低地フタバガキ林におもに分布していた植物種は数を減らし、そのうちのいくつかは絶滅が心配されています。

「生息地が限られている種」の項で取り上げたヨウスコウカワイルカの生息地、揚子江も人口集中地域と重なります。この重なりもヨウスコウカワイルカを見舞った悲劇の一因でしょう。

アイアイ（写真提供：Ardea / PPS通信社）

ヒトの興味を引いてしまう種

生物には、ほとんどのヒトが注意を払わず、存在にさえ気づかない種もいれば、人間にとってメリットあるいはデメリットがあるため、ヒトの興味を引いてしまう種がいます。そうした種は、絶滅のリスクが高くなりがちです。

ヒトにとってメリットのある種は利用の対象となりやすいため、人間活動の影響を強く受けます。たとえば食糧として魅力的な種は、乱獲される恐れがあります。第2章で紹介した絶滅危惧種、ミナミマグロがまさにそうです。3‐3節で紹介したセンザンコウは、そのうろこが薬になると信じられてしまったために乱獲され、絶滅の危機に瀕しています。第6章では、毛皮をとるために乱獲され、絶滅寸前にまで追いやられたラッコを紹介します。

利用の対象となる種とは反対に、ヒトに忌避されがちな種も、駆除の対象となりやすく、絶滅リスクが高いです。これには、毒をもつとか感染症を媒介するといった、ヒトに明らかな害をもたらす存在だけでなく、嫌悪感や気味悪さなどの精神的な忌避を引き起こす種もふくまれます。

そうしたケースに当てはまる動物として、マダガスカル島に生息する、アイアイというキツネザルの仲間が挙げられます。童謡で歌われているので、みなさんも名前くらいはご存じでしょう。私も幼少期にこの歌から、アイアイがおさるさんであり、しっぽが長く、おめめが丸いことを学んでいました。

日本では童謡のおかげで人気のあるアイアイですが、生息地周辺では様子が異なります。マダガスカル島のほぼ全域でアイアイは縁起の悪い動物と信じられていて、禁忌の対象になっているのです。そのため、村人に見つかったアイアイは、殺されてしまうこともあるそうです[65]。アイアイは絶滅危惧種に指定されていますが、村人による駆除もその原因のひとつになっています。

4-2 不都合な進化

ここからは、人間活動の影響を受けやすい種がもつ、生物学的な特徴（とくに生態学的な特徴）

について解説します。

生物のもつ特徴は長い歴史の中で育まれてきたものです。生き物たちは例外なく、生存や繁殖の機会が増えるように、つまり究極的には絶滅リスクを下げるように進化してきました。その進化の結果、種は独自の習性（生きざま）を発達させています。

ただし、進化は行き当たりばったりでもあります。進化後に生じた環境の変化により、それ以前は絶滅しにくくする効果をもっていた特徴が、むしろ弱点になってしまうこともあるのです。そして、もちろん人間活動が環境の変化をもたらし、進化の産物を不都合なものに変えてしまうことがあります。

たとえば、3－3節で乱獲の脅威にさらされていると紹介したセンザンコウを考えてみましょう。センザンコウの体は硬いうろこで覆われています。このうろこは、捕食者から身を守るため、進化の中で獲得した形態的な特徴です。外敵に襲われたときは体を丸め、頭と四肢、腹部を背中の硬いうろこで守ります。こうなると、屈強なライオンでさえ手が出せないそうです。

では、ヒトの密猟者に対してはどうでしょうか？　密猟者は丸まったセンザンコウを簡単に拾い上げ、持ち帰ってしまいます。進化により獲得した最強の護身術が、ヒトにはまったく通用しません。しかし、習性は残酷です。密猟者に遭遇したセンザンコウは頑なに、通用しない体を丸める防御戦略をとり続けます。文字どおり、「手も足も出ない」という状況です。

生息環境や餌資源を特化させすぎた種

特定の環境だけで生活したり、特定の餌資源のみを利用したりする種がいます。これは、ほかの種との激しい競争を避けるような進化を遂げた結果です。

同様のことが、人間のつくる市場でも起こります。市場にある少数派の需要をターゲットにした企業（〝ニッチ産業〟と呼ばれます）が現れるのです。そうした企業は、小さい規模ながら確固たる需要を獲得することで、安定した経営を続けていくことができます。

生息環境や餌資源を特化させた種も、爆発的に増えるチャンスはないかもしれませんが、安定して個体数を維持できる見込みがあります。

しかし、こうした特徴をもつ種は、人間活動に対して脆弱になりがちです。なぜならば、人間活動によりその特殊な生息環境や餌資源が奪われてしまうと、生存できなくなるからです。例として、私が研究しているブナヒメシンクイを紹介しましょう。

日本のブナ林に生息するブナヒメシンクイは体長1cmにも満たないハマキガ科のガです。ガですから、その一生は卵、幼虫、成虫という3段階に分けられます。そして、いずれの段階においても、ブナ（の実）に依存しているのです。

ブナヒメシンクイの一生は次のとおりです。4月上旬、羽化したばかりの成虫が地中からはい出てきます。成虫は林冠を飛翔し、そこで交尾をします。この交尾の時期は、ちょうどブナが結

ブナヒメシンクイ（撮影：鮫島裕貴）

実しはじめる4月中旬です（ブナは落葉性の高木で、角張ったドングリ堅果を実らせます）。ブナヒメシンクイはできたての堅果の表面に卵を産みつけます。卵は間もなく孵化《ふか》し、幼虫は堅果内部に潜り込み、これを2週間ほどで食べ尽くします。食われた堅果は死んでしまうので、ブナにとってブナヒメシンクイは最悪の捕食者です。堅果を食べ尽くした幼虫は、そこから脱出して地面に落下し、地中に潜り込みます。そして、土の中で越冬し、次の春に羽化するのです。

重要なのは、ブナヒメシンクイの餌になるのはブナの堅果だけという点です。つまり、ブナヒメシンクイが世代をつなぐためには、ブナの堅果が必須なのです。ということは、もし森からなんらかの原因でブナが絶滅すると、ブナヒメシンクイも絶滅を避けられません。現在、日本の各地で、地球温暖化が原因と疑われるブナ林の衰退が進んでいますが、これは同時に、ブナヒメシンクイの衰退も意味するのです。

このように、生息環境や餌資源を特化させると、それらが確保できる間の生活は盤石ですが、失ってしまうとたちまち生活が立ち行かなくなってしまうのです。

「それが私の生きる道」を貫きすぎる種

1990年代に、イギリスのロックバンド、ザ・ヴァーヴの「ビター・スウィート・シンフォニー」という歌が流行りました。その寂しげなメロディーに乗せて歌われるのは、社会に合わせて変わらなければならないことはわかっているけれど、なかなか自分を変えることができない葛藤や、頑固な自分の性格への憂いです。これは人間特有の葛藤ではないかもしれません。

生物学では、環境に合わせて生物の性質が変化するプロセスを2つに分けて考えます。ひとつは、世代交代とともに、種の性質が環境に合ったものに変わる（進化する）こと――〝適応〟です。もうひとつは、一世代の中で、個体が環境に合わせて性質を柔軟に変化させること――〝順化〟です。人間活動による環境の変化は急速なので、生物がその影響に合わせて性質を変えられるかどうかは、順化能力の高さで決まります。

順化能力の高さは種によって大きく異なります。人間活動により生育地の環境が激変したり、それまで餌として利用していた資源がなくなったりしても、へっちゃらな種もいます。順化能力が高ければ、激変後の環境でも生活できたり、代替となる餌資源を見つけ、利用できたりするの

ベニハワイミツスイ（写真提供：Digital Network / PPS通信社）

です。一方、順化能力の低い種にとって、人間活動が大問題になりがちです。

ハワイ諸島の固有種であるベニハワイミツスイという鳥は、長く下向きに反った、変わったくちばしをもちます。このくちばしの形態は、ハワイ諸島に固有の低木、キキョウ科ロベリア属植物の長い花管から花蜜を吸飲するのに適したものです。しかし、この100年くらいの間に、ハワイ諸島のロベリア属植物の25%が絶滅し、残った種も数を激減させてしまいました。[66]この状況では、ベニハワイミツスイは餌としてロベリア属植物だけを利用しているわけにはいきません。

では、ロベリア属植物の絶滅や激減とともに、ベニハワイミツスイも絶滅したのでしょうか？じつは、ベニハワイミツスイは（数を減らし、絶滅危惧種に指定されてはいるものの）現在も生きています。現在この鳥は新しい主食を利用しています。

それはフトモモ科のオヒアという植物の花蜜です。オヒアの花管はロベリア属植物ほど長くはないものの、花の形態がよく似ていたため、花蜜を吸いやすかったのです。オヒアであれば、いまもハワイ諸島にたくさん生えています。ベニハワイミツスイがオヒアから吸蜜するときは、長いくちばしを持て余し気味ですが、それでもなんとか食いつなぐことができています。

変化を強いられたとき、ベニハワイミツスイのように変化後の環境に順化できる種は絶滅を避けられます。順化できなければ、種の存続は厳しいでしょう。ブナのドングリ以外を利用できないブナヒメシンクイは、新しい餌資源への順化能力の低い種といえます。

広い生息域を必要とする種

動物の中には、広大な面積を移動しながら餌を探す種がいます。こうした種は、人間の開発により生息域が縮小されると、十分な量の餌を得られなくなってしまいます。こうなれば当然、生存が困難になります。

たとえば体の大きなアジアゾウは、生活のために広大な面積を必要とすることがわかりました。ボルネオ島に住む複数のメスのアジアゾウにGPS受信機を装着し、行動域を調べたのです。[67]この研究によると、アジアゾウの行動域の面積は250〜400km^2にもなります。ちなみにこれは、大阪市や名古屋市に匹敵する広さです。ただし、アジアゾウは行動域全体をまんべんなく利用しているわけではありませんでした。その中に点在する水飲み場や塩場、餌場を回遊しながら利用していたのです。つまり、これくらいの面積がないと、アジアゾウが暮らすのに十分な資源が賄えないということです。

アジアゾウの行動域内で、水飲み場として利用されている泉が人間活動により破壊されたり、行動域が農地などにより分断されたりすれば、彼らの生活はたちまち行き詰まってしまうでしょう。

渡り鳥のように、季節とともに移動する種も、広い生息域を必要とします。1年の間に遠く離れた複数の地域を行き来する種の場合、いずれかの生息地が破壊されれば、生存・繁殖ができなくなります。彼らは1ヵ所にとどまる種と比べて、生息地が破壊されるリスクが高いのです。長い旅路の果てに行きついた（去年まで利用できていた）越冬地が、開発などにより利用できなくなっていれば、彼らは絶望してしまうかもしれません。

最近、渡り鳥を脅かす新たな絶滅リスクが指摘されています。それは気候変動と関連します。渡りには多くのエネルギーが必要です。また、渡りの最中に事故に遭い、命を落としてしまうこともあるでしょう。命がけの長距離移動は得策とは思えません。なぜ渡り鳥は、危険を冒してまで渡りなどするのでしょうか？

渡りの理由は複数あるかもしれませんが、大きな理由は、餌にありつくチャンスを広げるためでしょう。マダラヒタキという鳥は、まさにこの理由で渡りをおこないます。マダラヒタキはアフリカで越冬し、春にヨーロッパへ渡り、そこで繁殖します。親鳥は食欲旺盛なヒナに大量の餌を与えなければなりません。ヒナの餌となるのはチョウやガの幼虫ですが、春先のヨーロッパで

マダラヒタキ（写真提供：Alamy / PPS通信社）

は、幼虫がたくさん見つかります。

さて、マダラヒタキの渡りの時期と幼虫の発生時期を20年以上観察し続けた研究があります。[68] それによると最近、この2つのタイミングにミスマッチが生じているようです。いったい何が原因なのでしょうか？

記録をたどると、マダラヒタキがヨーロッパに向けてアフリカを旅立つ日は、この20年間変化していないことがわかりました。理由は単純です。マダラヒタキは日の長さを指標にして渡りの開始を決めているからです。季節変化に伴い日長時間（太陽が昇ってから沈むまでの時間）が伸びますが、それがある長さを超えるタイミングで渡りをはじめているのです。そのため、マダラヒタキの渡りの開始日は何十年たとうが、（地球の自転や公転のスピードが変わってしまわない限り）暦の上で変わるはずがありません。

一方、チョウやガの幼虫の発生のタイミングは日長時間ではなく、気温に依存して決まっていました。そして昨今の地球温暖化で、幼虫の発生時期は暦の上で年々早まっていたのです。記録によると、幼虫の発生ピークは20年前と比べて2週間程度も早くなっていました。

こうして、マダラヒタキの渡りと幼虫発生のピークとの間に時期的なミスマッチが生じてしまったのです。

このミスマッチのため、十分な量の餌をヒナに与えられないマダラヒタキが増えているようです。今のところ、マダラヒタキの個体数は目に見えて減少しているわけではなさそうですが、このまま地球温暖化が進めば、幼虫の発生時期とマダラヒタキの繁殖時期がまったく重ならなくなるかもしれません。そうなれば当然、せっかく渡ってきても十分な餌にありつけず、繁殖に失敗するマダラヒタキが続出することでしょう。

安定した環境でしか生活できない種

安定した環境を極端に好む種は、人間活動により生息地の環境が不安定化すると、急速に絶滅に近づいてしまう危険があります。まずは、〝安定した環境〟が何を指すのか説明しておきましょう。

環境の安定性を決めるのは、外部から〝破壊要因〟がもたらされる頻度です。環境（生態系）の破壊要因としてまず挙げられるのは、台風や火事です。生態学では、こうした要因による生態系の破壊を〝攪乱〟と呼び、台風や洪水などの自然現象による攪乱を〝自然攪乱〟、人間活動によるものを〝人為攪乱〟と区別します。攪乱の頻度が高い（あるいは、攪乱と次の攪乱の時間的な間隔が短い）環境は不安定とみなされます。逆に、攪乱頻度が低い環境は安定していて、その生態系は長期にわたって同じ景観を保ちます。

温暖で湿潤な日本を例に考えてみましょう。日本の気温や降水条件では、ふつう森林が発達します。しかし、それを妨げる自然攪乱が存在します。たとえば、まれに森林を直撃する台風です。その強風や土砂崩れの誘発により森林を破壊するのです。台風による攪乱の直後、破壊された部分は植物被覆を失い裸地になりますが、その後時間をかけて森林は再生します。この森林の再生には通常、数十年の月日が必要です。

攪乱と次の攪乱の間隔が森林再生にかかる時間（数十年）より短ければ、森林は成立できません。毎年のように攪乱が入る環境では、森林の代わりに草原などが発達します。そう考えると、日本で森林が成立している場所は、攪乱頻度が低い安定した環境であり、草原に覆われている場所は、攪乱頻度が高い不安定な環境であることがわかります。

不安定な環境の具体例を見てみましょう。熊本県阿蘇に草原が広がり、放牧地として利用されていることをご存じの方もいらっしゃると思います。しかし、このあたりに草原が広がるのは少し奇妙に感じませんか？　というのも、気候から考えると、阿蘇では草原ではなく森林が発達するはずです。この疑問の答えは単純です。じつは阿蘇は、頻繁に攪乱を受けるため、森林が成立せず草原が維持されているのです。では、阿蘇が受ける攪乱とはなんでしょうか？

阿蘇では、草原を維持するために、毎年3月くらいに野に火が放たれ、森林の再生を止めています。言い換えると、阿蘇では〝火入れ〟という人為攪乱が毎年入るということです。つまり、阿蘇の草原は自然のものではなく、人工的に維持されている環境なのです。阿蘇の例は、頻繁に攪乱が入ると森林が成立しえないことを示しています。

阿蘇は人為攪乱がつくる不安定な環境ですが、自然攪乱のせいで不安定な環境もあります。その典型は河原です。なにせ、大雨のたびに植物被覆が流されるのですから。攪乱後しばらくするとカワラノギクやメヒシバなどが再生しますが、こうした場所では森林は発達しません。

安定を好む種、不安定を好む種

このように説明すると、生物にとっては安定した環境のほうが好ましい、と思われるかもしれません。しかし、安定した環境を好む種もいれば、不安定な環境を求める種もいます。安定した環境を好む種とは、進化の過程で安定した環境に適応した種です。つまり、そうした環境で絶滅しにくい能力を獲得しています。不安定な環境を好む種は、不安定な環境で絶滅しないための能力を獲得しています。両者のもつ能力はまったく別物で、安定した環境を好む種は不安定な環境では生きられず、その逆もしかりです。この点について、植物を例に考えてみましょう。

まずは、森林という安定した環境を好む種について考えます。こうした種の典型は、樹木種です。樹木種は森林内で絶滅しにくくなるために、どんな能力を進化させたのでしょうか？　絶滅回避には、森林内で同種個体の数を安定して高く維持し続ける必要があります。そのためには、一度発芽・定着した個体をなるべく枯死させないことが重要です。樹木種は、一度定着したら、次の攪乱まで生き長らえるような進化、つまり〝長寿型〟に向かって進化します。スギは長寿で有名で、とくに屋久島では1000年以上生きているスギ（屋久杉）が何本も知られています。

一方、森林で繁殖能力はあまり役に立ちません。暗い林床では、種子が芽生え、定着することはほとんどできないからです。ですから、林内で種子を生産しても、絶滅回避にはつながりません。つまり、繁殖力を犠牲にしても、自分が生存しつづける能力が、林内での絶滅を回避するために有効なのです。

樹木はゆっくりとしか成長しません。芽生えてから繁殖をはじめるまで、数十年かかることもあります。ずいぶんとのんびりした生きざまですが、樹木はこの長い成長期間を費やして、木化した丈夫な体を築き上げます。この丈夫な体は、長く生きるために役に立ちます。樹木種のゆっくりとした成長も、長寿のための進化の産物とみなせるでしょう。

ここで、森林が頻繁に人為攪乱を受けるようになったと考えましょう。人間活動のせいで不安定な環境に変わるということです。長寿型に進化した樹木種は、人為攪乱のたびに、本来ならばまだ長く残っていたはずの寿命をまっとうできずに、死んでしまいます。すると、繁殖力の低い樹木は個体群を維持することができず、急速に絶滅に近づくのです。

次に、不安定な環境を好む種が進化させる能力について考えてみましょう。必要とされる能力が、安定した環境を好む種とは異なることに気がつくはずです。

不安定な環境では、攪乱のたびに個体の一生は強制終了させられます。一生が長く続くことは期待できないので、長生きするための性質をもたらす進化は、いずれも役に立ちません。

一方、攪乱が入れば、そのたびに個体数が激減するはずです。ですから、攪乱後にすばやく個体数を回復することが、不安定な環境での絶滅回避につながります。つまり、自分の生存よりむしろ、次世代を生むための繁殖に特化した能力が、絶滅しないために必要なのです。たとえば、草本類のように芽生えると急速に成長し、速やかに繁殖を開始する生きざまなどがこれにあたります。つまり不安定な環境では、生物は〝繁殖型〟に進化するということです。人為攪乱による環境の不安定化は、こうした種に繁栄をもたらす結果となるでしょう。

減った個体数を戻すのがヘタな種

ここで〝レジリエンス〟という生態学用語を導入します。これは、〝復元性〟や〝復帰性〟という日本語があてられることもある言葉で、攪乱によって減少した個体数を回復させる力を表します（図12）。レジリエンスの小さい種が人為攪乱により個体数を減らすと、その数をなかなか回復できないため絶滅しやすくなります。

個体数の回復と関係するレジリエンスは当然、繁殖力と密接に関係します。前項で、安定した

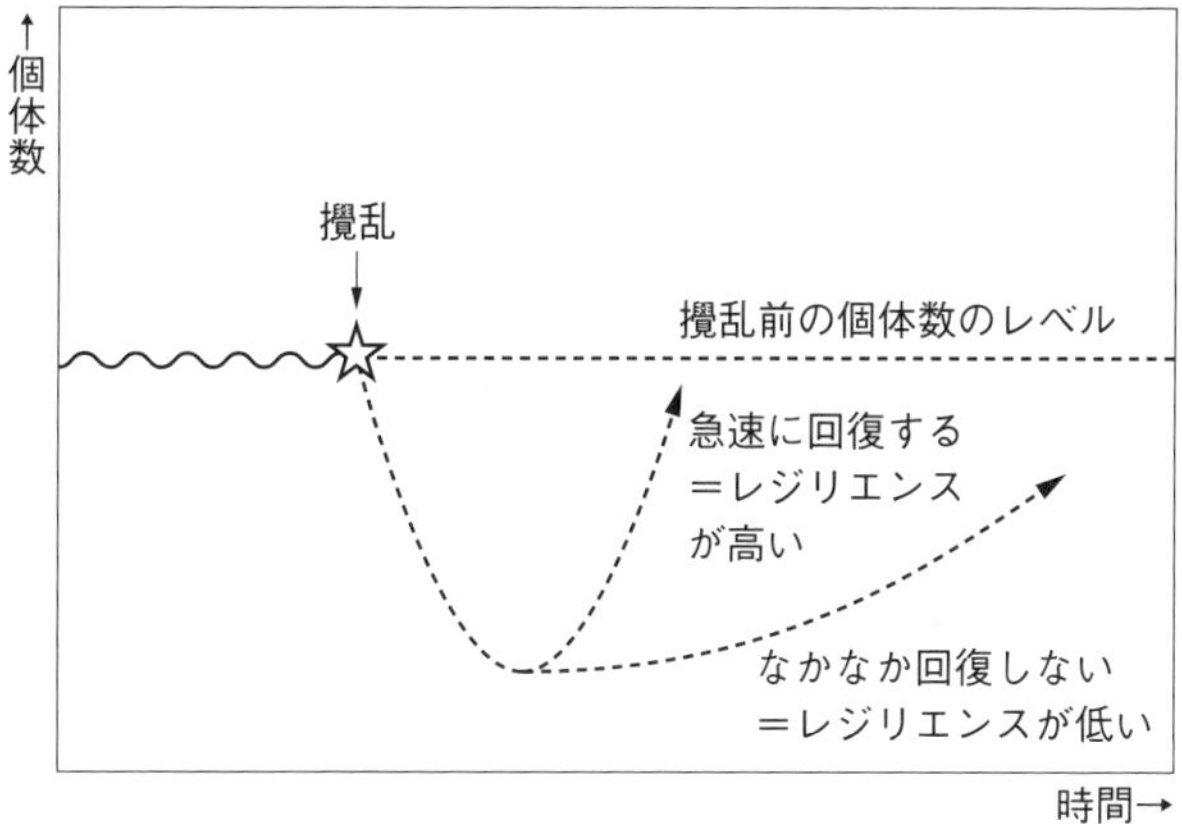

図12 ▶ レジリエンス

環境を好む種は、繁殖力を差し置いても生存力を伸ばすように進化すると説明しました。まさにこうした長寿型の種がレジリエンスの低い種です。

ここで、前項で考えた、長寿型と繁殖型の進化に話を戻しましょう。長寿型と繁殖型を同時に採用することは、植物にとって最強の戦略に思えます。しかし、そのような戦略を採用した植物は知られていません。理由は2つあります。

植物が長寿型に進化するためには、何十世代もの間、安定した環境に身を置き続ける必要がありま す。また、繁殖型への進化には、不安定な環境での世代交代が必要です。安定した環境と不安定な環境は真逆の性質をもつので、ひとつの場所が両方に該当することなどありえません。両方の環境に身を長く置くことができないのですから、両方の環境に有利になるように進化できるわけがないのです。これがひとつ目の理由です。

もうひとつの理由は、長寿型を成立させる特性と繁殖型の特性が二律背反の関係にあり、同時に両方をもちえないことです。たとえば、長寿型を導く「ゆっくりと丈夫な体を育むこと」と、繁殖型にいたらしめる「芽生えてからなるべく早く繁殖を開始すること」とは、互いに相反します。つまり植物は、長寿型か繁殖型のいずれかにしか進化できないということです。

以上の理由から、安定した環境に適応進化し長寿型になった種は、その制約として高い繁殖力をもつことができません。必然的にレジリエンスが低くなってしまうということです。このように考えると、「安定した環境を好む」という種の特性と「レジリエンスが低い」という種の特性は、結局は同じ特性を別の角度から見ているにすぎないことがわかります。

ここまで、植物を使って説明を続けてきましたが、この考えは当然動物にも当てはまります。次項で動物の例も見てみましょう。

マンモスが絶滅した理由

マンモスはゾウ科マンモス属の種の総称です。その仲間は、かつてはユーラシア大陸からアフリカ大陸、南北アメリカ大陸まで広く分布していました。数万年前まで北海道にも生息していたようです。これだけ繁栄していたマンモスですが、7万～1万年前にあたる新生代第四紀更新世の後半までに、ほぼ全滅してしまったことが知られています[69]（一部の生息地では数千年前まで生き延びた可能性もあります）。

マンモスの中でとくに知名度が高い種は、太く長い体毛で全身を覆われたケナガマンモスでしょう。ケナガマンモスは最後まで生き残ったマンモスですが、ほとんどの生息地で約1万年前までに絶滅してしまいました。[70] ケナガマンモスの絶滅の原因は今も議論されていますが、とりわけ有力視されているのは、ヒトによる乱獲説です。[71] というのも、ケナガマンモスとヒトが共存していた時代・地域のものと知られるヒトの生活遺構から、ケナガマンモスの骨が大量に見つかることがあるからです。[69] 乱獲が絶滅の主たる原因かはさておいても、[72] ヒトがケナガマンモスを獲物にしていたことは明らかです。

生態学的に考えると、乱獲がマンモス絶滅の原因だとしてもなんら違和感はありません。その根拠は、体の大きなケナガマンモスがレジリエンスの低い種であろう、という予想です。彼らを仕留められる生き物など、ヒト以外に存在しないでしょうから、ヒトが現れるまで、ケナガマンモスにとって被食による個体数の減少は心配する必要のないことでした。攪乱頻度がきわめて低い森林のようなものですから、長寿型への進化を究められたはずです。

化石の記録から、マンモスは約500万年前にアフリカで出現したと考えられています。[70] 一方、ヒトは約20万年前に出現しました。そして、ヒトがマンモスを捕食したのは、狩猟技術の向上したここ数万年間のことでしょう。少なくとも、ヒトがいなかった500万年前から20万年前までの間は、マンモスは長寿型に向かって進化していたはずです。そして、その進化の制約として、繁殖力は低下していたと予想できます。

絶滅してしまった今となっては、ケナガマンモスの繁殖特性を調べる術はありません。それでも、体の大きさが近く、同じゾウ科の別属にあたるアフリカゾウから類推することはできます。アフリカゾウのメスはおおむね14歳くらいで初産を迎えるようです。[73] つまり、アフリカゾウは子を産めるようになるのに10年以上を要するということです。また、妊娠期間は2年ほど続き、ふつう、一度に1頭しか産みません。さらに、出産後のメスは、子育てと体力回復のため4年間は妊娠しません。60年ほどの寿命の中で、出産のチャンスはそれなりの回数訪れるでしょう。それでも、一生に産む子の数が10頭を超えることはないはずです。

きっとケナガマンモスの繁殖特性も似たようなものでしょう。繁殖力が弱いケナガマンモスにとって、ヒトの狩猟による死亡率の上昇は大問題となったはずです。ヒトに狩られて個体数が減ると、簡単には個体数の埋め合わせができません。狩猟により個体数が減少し、個体数が回復する前に、また狩猟により個体数が減少する。この悪循環により、ケナガマンモスは急速に数を減らしたでしょう。

ケナガマンモスを直接的に絶滅に追い込んだのは、ヒトによる乱獲だったかもしれません。しかし、その絶滅の根底には、ケナガマンモスのレジリエンスの低さがあったともいえます。

ヒトは生物を資源として利用しながら生活しており、生物資源を抜きにした生活がまったく考えられないほど依存しています。生物資源は再生可能ですが、持続可能な利用を心がけなければなりません。繁殖力を上回る速度で動物を殺したり、森の木を伐採したりすれば、資源が枯渇することはわかり切っています。したがって、生物資源の持続可能な利用を実現するためには、利用対象種のレジリエンスに注意を払う必要があります。そして、その種のレジリエンスが低いことがわかったら、生物資源の利用量が繁殖力を超えないようにとくに気をつけなければなりません。

4-3

読み間違えたシナリオ——生物多様性喪失の末路

前節では、レジリエンスの低い種が人間活動に脆弱であると述べました。本章の最後に、人間がレジリエンスの低い生き物たちを利用し続けた結果、それらを絶滅させてしまったばかりか、そのせいで人間自身の生活がままならなくなってしまった事例を紹介しましょう。

失われた高度な文明

太平洋に浮かぶイースター島は、世界一不便な場所にあります。なにせ、いちばん近い大陸（南米大陸）まで３６００km、もっとも近くの有人島（ポリネシアのピトケアン諸島）でさえ約２１００kmも離れているのですから（図13）。北海道の宗谷岬から鹿児島県の佐多岬までの直線距離、約１９００kmと比べると、イースター島がどれだけ孤立しているかイメージしやすいでしょう。

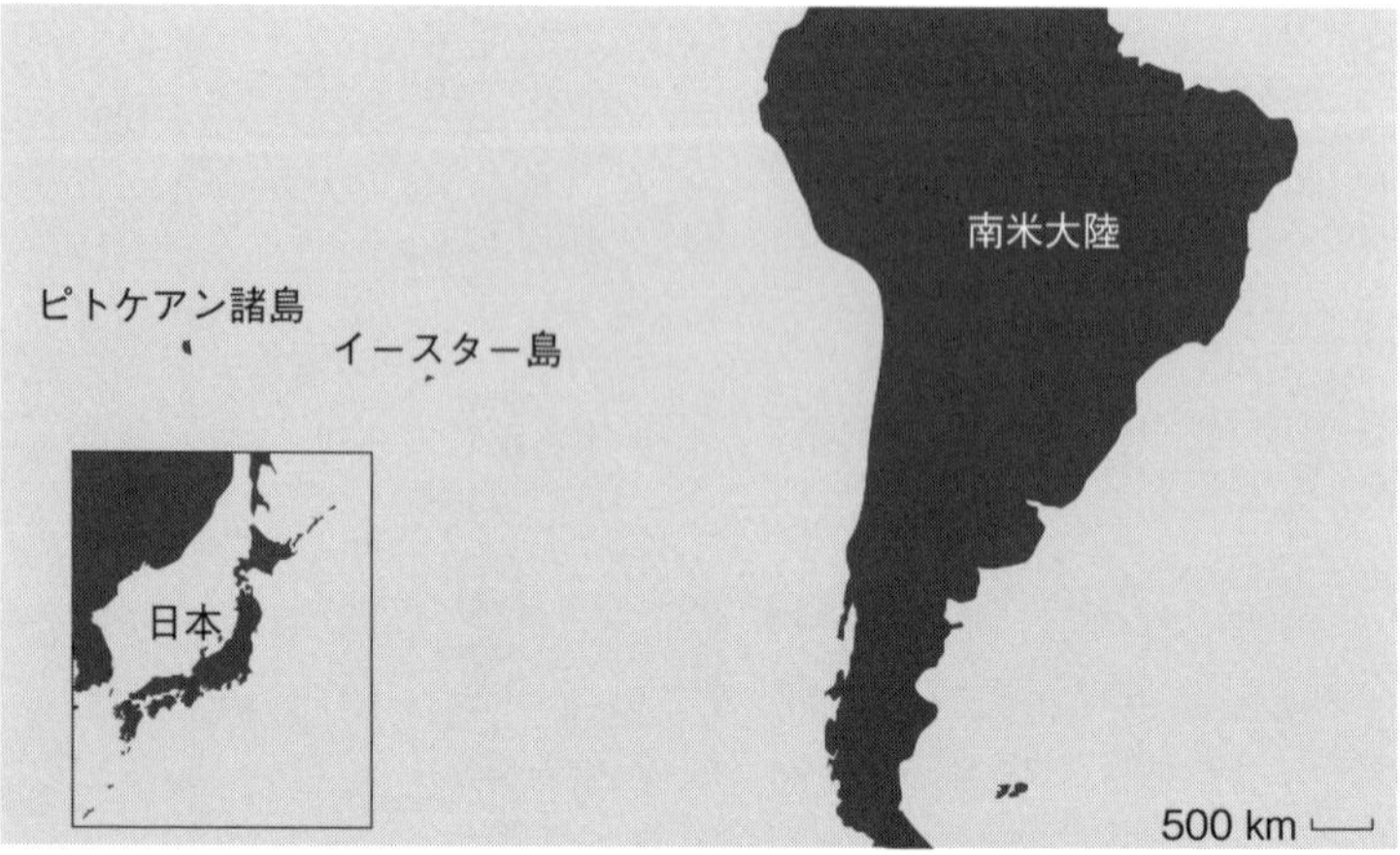

図13▶イースター島の地図。同じ縮尺で日本列島も示す。

この島をヨーロッパ人が発見したのは、1722年のことでした。オランダ人の探検家、ヤコブ・ロッヘフェーンの乗る船がたどり着きました。発見日がちょうど復活祭の日（イースター・デー）だったことが、島の名前の由来です。

チリから17日もかけてたどりついた絶海の孤島で、ロッヘフェーンは何度も驚かされることになります。最初の驚きは、島に着いた直後にもたらされました。なんと、この島にはすでに住人がいたのです（当時の島民の数は2000〜3000人だったといわれています）。島民の暮らしぶりは、ロッヘフェーンたちから見て原始的なものでした。道具といえば石器で、家畜はニワトリのみ。サツマイモ、ヤムイモ、タロイモ、バナナ、サトウキビを栽培して暮らしていました。

島民の海へくり出す手段は貧弱で、水漏れのする小型のカヌーくらいしかありませんでした。それもそのはずで、イースター島には高さ数メートルを超える樹木は生えておらず、枯れかけた草地に覆われていたそうです。これでは、材料不足で大きな船などつくれるはずもありません。

しかし、不思議です。彼らが所有するみすぼらしいカヌーでは、数千キロを隔てた別の陸地にたどり着くことなど、とうてい不可能です。彼らはいつ、どのようにしてイースター島にやってきたのでしょうか?

島内を探検したロッヘフェーンは、さらなる驚きに見舞われました。みなさんもよくご存じの謎めいた石像、モアイです。島には採石場があり、彫刻を施しやすい凝灰岩がたくさん手に入ります。モアイづくりの材料には困りませんが、問題となるのは運搬です。モアイは最大のもので高さが20mを超え、重量は270トンにおよびます。平均的なサイズでも高さ4~5m、重さは数十トンあります。これほど巨大な石像を採石場から10km以上(最長で18km)も離れた場所へ運んだらしいのです。重機どころか、ニワトリ以外の家畜をもたない島民たちにとって、モアイの運搬が困難を極めたことは容易に想像できます。

人力でモアイを運ぶためには、少なくとも丈夫な縄と大量の丸太が必要ですが、ここにも謎が横たわっています。前述のとおり、イースター島には縄や丸太を供給してくれる森林がないのです。そうした資源を隣の島までとりに行くことも、貧弱なカヌーでは現実的ではありません。かつてのイースター島の住人はどのようにしてモアイを運んだのでしょうか?

この疑問に答えられる島民は一人もいませんでした。それも当然です。モアイづくりの文化

イースター島のモアイ（写真提供：Digital Network / PPS通信社）

は、ヨーロッパ人がイースター島を訪れる100年以上も前に終わっていたのですから。

モアイの存在は、かつてイースター島に高度な文明が栄えていた証拠です。一方、ロッヘフェーンが目の当たりにした18世紀の島民の暮らしぶりは、かつての高度な文明が、そのころまでにすっかり廃れてしまったことを物語っています。いったいこの島で何が起きたのでしょうか？

イースター島の文明崩壊の理由は、アメリカの進化生物学者、ジャレド・ダイアモンドが論じています。[74] 彼の考えを紹介しましょう。

失われた亜熱帯雨林

さまざまな証拠からダイアモンドは、遅くとも10世紀にはイースター島で人間が生活をしはじめていたと予想しています。おそらく、ポリネシア人が海を渡ってきたのでしょう。そして島民は人口を増やしながら豊かで社会性に富んだ生活を送り、高度な文明を築きました。

18世紀、ヨーロッパ人が発見したとき、イースター島には（ほとんどが草本類から構成された）貧弱な植物相しかありませんでした。その中でもっとも大きな植物は、高さ3mくらいのマメ科のトロミロでした。しかし島民が住みはじめる以前、イースター島は豊かな亜熱帯雨林に覆われていた証拠がいくつも見つかっています。たとえば、島に残された植物の残骸です。

14〜17世紀に使われたごみ集積場からは、直径1cmにも満たないたくさんの炭化した木片が見つかっています。フランスの考古学者、カテリーヌ・オルリアックは、これら木片をていねいに調べ、その解剖学的な特徴から樹種の同定を試みました。[75] 彼女の地道な努力は大発見に結びつきます。現在のイースター島では見つからないたくさんの樹木種が、木片の中に混じっていることが明らかになったのです。さらにその中には、高さ30mの巨木に成長する樹種がふくまれていました。こうした樹種はカヌーの材料として利用可能で、外洋に出るのに十分頑丈なカヌーがつくれたはずです。ほかにも、樹皮から縄を編むことができる樹種も見つかりました。

証拠はほかにもあります。ニュージーランドのマセイ大学で植物地理学を教えた、ジョン・フレンリーらによる花粉に関する研究成果です。[76]

おしべの葯《やく》から放たれる花粉はめしべで受粉し、将来種子となる細胞に大切な遺伝情報を送り届けます。花粉は風や昆虫によってめしべへと運ばれますが、この間に大切な遺伝情報が傷ついては大変です。こうした事態を避けるため、花粉は化学的に安定な物質（スポロレニン）を豊富にふくむ丈夫な殻で覆われています。その特徴から、花粉は堆積物の中で長期間保存されます。葯から放たれた花粉の中で受粉にいたるのは、ほんのひと握りです。残りのほとんどは、めしべ以外の場所に落下します。受粉しなかった花粉は雨に流され、池や湖まで運ばれ、堆積することになります。つまり、池や湖の堆積物には古い花粉が残されていると期待できます。

フレンリーらはイースター島の火口湖の堆積物を採取し、その中にふくまれる花粉を調べました。予想どおり、花粉が大量に見つかりましたが、現れる花粉の種類は時代とともに大きく変化していました。イースター島にヒトが住みはじめる前に堆積した層から大量に見つかったのは、現在のイースター島では見られないヤシの花粉でした。その後の調査から、島から消えたこのヤシは、直径2m、高さ20mを超える世界最大級のヤシだったことがわかっています[74]。ヒトが訪れる直前まで、イースター島は、巨大なヤシが生い茂る亜熱帯の森に覆われていたのです。

火口湖で得られた堆積物中の花粉は、さらに興味深い事実を示していました。ヤシの花粉量が、ヒトの入植後、徐々に減少していく一方で、草の花粉が増えていたのです。これは、人間活動による森林の消失と、それに置き換わるように草原の拡大が起きたことを示唆しています。

こうした証拠からダイアモンドは、人の手により豊かな亜熱帯林が完全に破壊され、今のような荒廃地に置き換わったと推理しています。農地を広げるため、モアイを運搬・建造するため、薪を取るため、カヌーの材料にするため、樹木は伐採されたのです。しかし、これはイースター島ではもっともやってはいけないことでした。なぜなら、イースター島の樹木はレジリエンスが極端に低い種だったからです。人為攪乱を受けた森は、再生する前に次の人為攪乱を受けるということをくり返し、森は姿を消しました。

こう考えると、前項で取り上げた謎の大半が解けます。今では材料不足でつくることのできないカヌーも、森林があったころは立派なものがつくれたはずです。モアイの運搬に必要な丸太や縄も、かつては入手可能だったはずです。

レジリエンスが低いというイースター島の樹種特性に加えて、イースター島独自の環境特性が重なって事態は深刻化したようです。イースター島独自の環境特性とは、〝やせた土壌〟です。

林が消えれば、土が死ぬ

そもそもイースター島は火山島です。海底の火山が噴火するたびに積み重なった溶岩が海面上に現れ、島をつくりました。噴火時に降り注ぐ火山灰には、リンやカルシウムなどの養分がたっぷりふくまれるので、島の土を肥沃にしました。

ただし、人間が住みついたイースター島に火山灰由来の肥沃な土壌があったわけではありません。イースター島の火山が最後に噴火したのは20万年も前のことで、それ以降、新たな火山灰は供給されていないのです。一方で、植物の成長に欠かせない養分はこの20万年間に雨水に溶け出し、流れ去っていました。残されたのは養分の乏しいやせた土でした。これでは植物はなかなか育ちません。

樹木種のレジリエンスの低さとやせた土地のダブルパンチで森林は回復できず、消失してしまったのです。

森林の消失により、イースター島の人びとはカヌーを新調できなくなりました。これだけでも生活に大打撃になったはずですが、じつはそれどころではないことが起こったのです。

イースター島のやせた土壌の肥沃度を支えるのは、落葉や落枝を構成する有機物です。落葉や落枝として供給された有機物は、微生物などにより無機物にまで分解されます。この無機物は植物の根から吸収され、植物体内でさまざまな物質（有機物）の生産に用いられます。その植物はやがて落葉や落枝となって、再び土に戻ります。自転車操業的な養分循環で、イースター島の森林は維持されていたのです。

しかしこの循環はもちろん、森林がなくては成り立ちません。森林が失われれば土壌への有機物の供給が止まり、肥沃な土壌をつくる術が失われます。

森林の消失はさらにまずい状況をもたらしました。林冠の葉や落葉・落枝には、土壌を守る〝安全装置〟としての役割があり、それが失われてしまったのです。

落葉・落枝が養分の起源であるため、肥沃な土が分布するのは森林の土壌表面のみです。森林では、土壌が積もった落葉に覆われた状態が保たれます。森林が破壊されてしまえば、落葉の供給が止まり、土壌がむき出しになります。林冠の葉や落葉には、雨を受け止める働きがあり、降雨による土壌の流出（浸食）を防いでくれていました。これらに覆われていないむき出しの土は、降雨によって表面から浸食されてしまいます。肥沃な土が真っ先に失われるということです。イースター島でも例に漏れず、森林消失後の土壌の荒廃が起こりました。これは島民にとって大問題でした。彼らは森林土壌を肥料として作物を栽培していたからです。土壌の不毛化は農業生産力の激減を引き起こしました。ついに彼らは食べるのにも困るようになり、やがて内戦が起こり、食人にまで手を染めたようです[74]。

そんな彼らに文明を支える力など、どこにも残されていませんでした。こうしてイースター島の文明は崩壊したのです。

なぜ森林を伐採し尽くしてしまったのか？

以上のダイアモンドの見立てには一定の説得力がありますが、疑問も残ります。なぜ島民は、自分たちの生活（生命といってもいいかもしれません）を支えてくれている、なにより大切な森林を伐採してしまったのでしょうか？　なぜ伐採を禁止せず、破滅へと突き進んでしまったのでしょうか？　当時の島民はそんなにも愚かだったのでしょうか？　ダイアモンドも、これこそが最大の疑問だと認めています。

樹木がほとんどなくなってしまった土地を前に、島民たちが何を考えていたかは、想像するしかありません。案外、「森がなくなるなんて大げさな。危機感を煽って操作しようとしている、陰謀論だ。私はそんなたわごとに踊らされないよ」「まだきっとどこかに残っている木があるはずさ」「今の生活だって苦しいんだ。森林を切り拓くこと以外、今を生き延びる方法はない。たとえそれが未来に悪いことをもたらすとしても、止めることはできない」「樹木は共有財産なんだから、たとえ私が切らなくたって、きっとほかの誰かが切ってしまうさ」「切れといわれたから切っているだけだ。仕事として命じられたことをやっているだけだ」などと考えていたのかもしれませんね。

絶海の孤島、イースター島。そこから逃げ出す手段はなく、島内にある資源だけに頼って生きていかざるをえない。

この状況は、何かに似ていると思いませんか？　そう、私たちの住む地球そのものです。人類は地球外に逃げられません。人間活動のせいで地球環境が生活に適さないものになったとしても、ほかに行くあてなどないのです。そして、私たちは地球にある限られた資源に依存しています。将来、「なぜ当時の人類は、自分たちの生活の場である地球を自分たちが住めなくなるまでみずから痛めつけてしまったのだろうか？　彼らはそれほど愚かだったのだろうか？」などといぶかしがられないように、私たちは慎重に生活を送らなければなりません。イースター島での文明崩壊は、過去から私たちへの警告なのかもしれません。

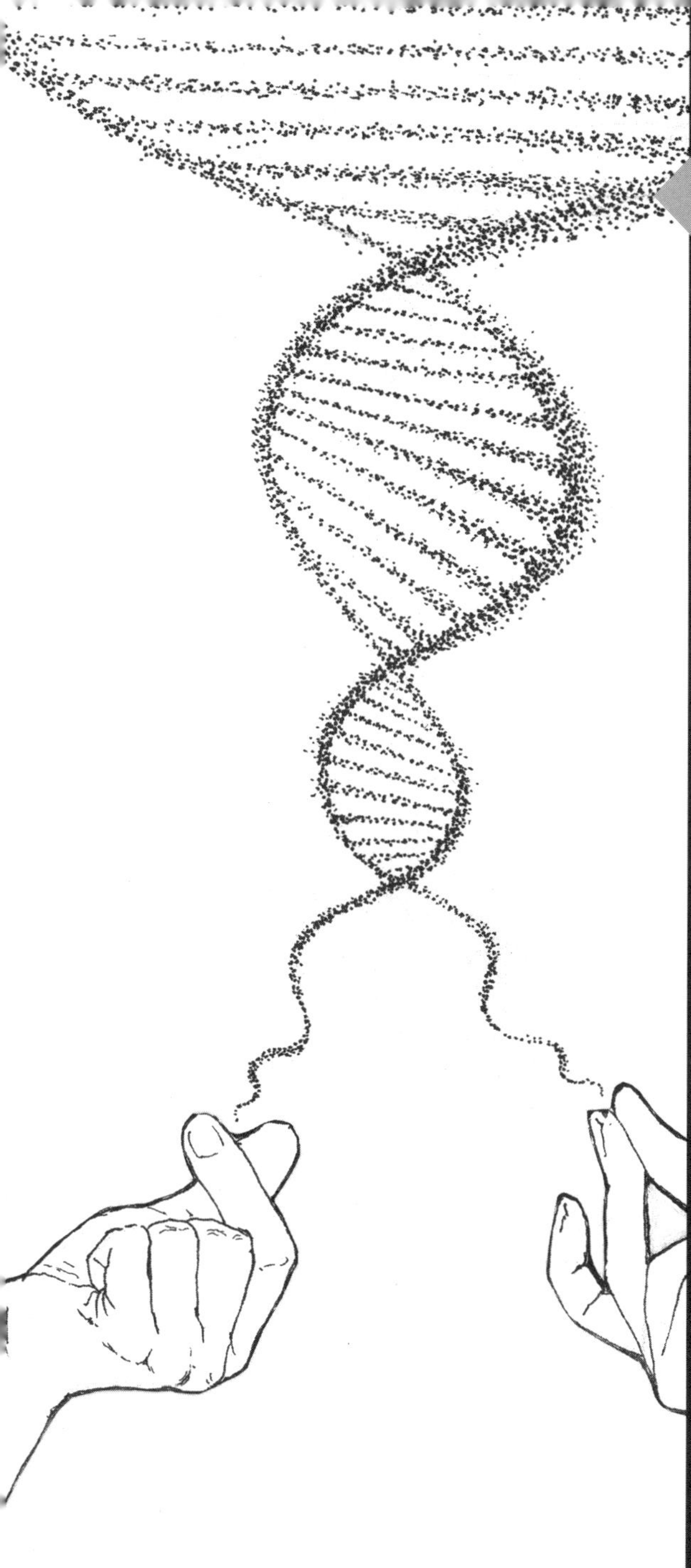

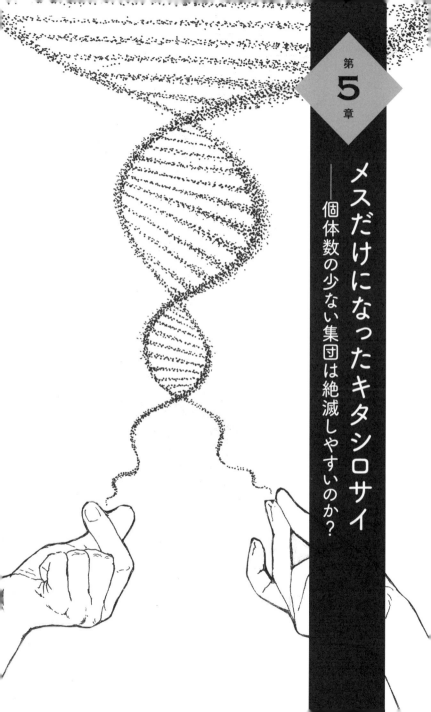

第5章

メスだけになったキタシロサイ

——個体数の少ない集団は絶滅しやすいのか?

本章では、「個体数が少ない種は絶滅しやすいか？」という疑問を検討します。しかしこの疑問、問いかけた私がいうのもなんですが、奇妙です。第2章で紹介したとおり、個体数が少ない種が絶滅危惧種と認定されるのでした。ですからこの質問は、「絶滅危惧種は絶滅しやすいか？」と言い換えることができ、まったく意味をなしません（つまり、〝絶滅危惧種〟と〝絶滅しやすい〟の同語反復〈トートロジー〉ということです）。

しかし、ここで考えたいのは、そういうことではありません。疑問の真意は、「個体数の少なさが新たな絶滅リスクを生み、それにより絶滅に対する脆弱性が上昇してしまわないか？」というものです。スマトラサイやクロアシイタチの個体数は1000頭以下です。ジャイアントパンダは2000頭ほど、トラは4000頭ほどしかいません。こうした個体数の少ない種は、少ないながらも数を維持できるのか、さらに数を減らして絶滅してしまうのか——なんとなく、後者のほうが起こりやすそうな気がしないでしょうか。

生物学者は野外で野生生物のデータを集め、この感覚の正しさを経験的に示してきました。同時に生態学の知識を使い、個体数が少ないという集団の特徴が、その集団の絶滅リスクを上昇させてしまうことを理論的にも示してきました。

本章では、個体数を減らした種が、希少さゆえにさらされる絶滅リスクを説明していきます。

5-1

生物多様性を定義する——種内・種間・生態系

ここまで、生物多様性喪失の悲惨な現状をさまざまな角度から紹介してきました——生物多様性がなんであるのかの説明を抜きにして。そうです。本書では生物多様性を定義していません。

正直に白状すると、「もうここまできてしまったのだから、かまいやしない。定義を示すのはよしておこう」とも考えました。かの有名なチャールズ・ダーウィンは、名著の誉れ高い『種の起源』を、〝種〟を定義することなく書き上げ、彼の持論であった進化論をみごとにまとめ上げました。「はて、そもそも〝種〟ってなんだっけ？」という疑問を読者に抱かせることなく、新種の誕生を説明したのです。名人芸の域だと思います。私は当初、「ダーウィンにできたのだから、私だってできるはず。生物多様性を定義することなく、生物多様性の喪失を解説してやる！」と自らをふるい立たせ、ここまで書き進めてきました。

しかし最近、もう一人の自分が耳元で、「そもそも、あなたとダーウィンはできが違うんだよ。ダーウィンの偉大な仕事が自分にもできると思うこと自体、どうかしている」とささやきはじめたのです。こともあろうかその声は、日増しに大きくなってきました。これ以上、生物多様性の定義を避け続けると、私は健康を害してしまいそうです。今さらですが、生物多様性を定義しようと思います。いや、させてください。

もちろん、本書で生物多様性を定義する目的は、私の健康のためだけではありません。生物多様性は難解な概念で、いくつもの意味が託されています。生物多様性の概念をしっかりと整理・把握しておくことは、生物多様性の喪失を理解するうえで極めて重要なことでもあります。

なんとなく使われはじめた言葉

〝生物多様性〟という言葉が使われはじめたのは1980年代です。この言葉がお披露目されたのは、1986年に開かれた〝生物多様性に関するナショナル・フォーラム〟という会議でした。この会議をけん引し、新しい言葉の普及に努めたのは、ハーバード大学の生物学者、エドワード・ウィルソンです。ただし彼は、生物多様性の概念の明晰化にはあまり関心がなかったようです。

ウィルソンが編集した本会議の講演集『生物多様性（Biodiversity）』はベストセラーになりました。じつは、この本は書名こそ『生物多様性』ですが、文中に〝生物多様性〟という言葉はほとんど出てきません。[77] 生物多様性の定義もなされていません。ただ、本書の内容は間違いなく生物多様性、つまり生物の世界で見られる多様性についてでした。これはまるで、「生物多様性が何であるかなんて、いちいち説明する必要のない常識でしょ」とでもいいたげな態度に見えます。

読者に対して、少々不親切でした。

たしかに、生物の世界が多様性に満ちていることは、誰もがよく知っています。けれども、その多様性を明確かつ厳密に定義しようとすると、途端に難しくなるのも事実です。結局、定義が明確に与えられないまま、〝生物多様性〟という言葉は使われ続けることになりました。

1990年代に入ると、生物多様性の喪失が差し迫った問題であると国際社会に広く認められはじめます。そして1992年には、生物多様性の保全などを目的とした〝生物の多様性に関する条約（生物多様性条約）〟が採択され、翌年発効にいたりました。日本も参加している条約です。条約は国と国との約束事です。条文は誤解の余地のないように、明確に書かれている必要があります。保全の対象である生物多様性の明確な定義を抜きにして、生物多様性条約の条文を書き進めることなどできません。この条約がつくられたとき、それまで曖昧模糊としていた生物多様性の概念の明晰化が求められました。

生物多様性は生物の世界で見られる多様性のことですが、多様性がいくつかの異なったレベルで現れることは、すでに共通認識となっていました。たとえば、種のレベル（種差として認識される多様性）、個体のレベル（ひとつの種内で見られる個体間の多様性）、そして生態系のレベル（ある地域に出現する種の組み合わせの多様性）です。この重層的な視点を用いれば、生物多様性をうまく整理できそうです。そこで、生物多様性条約の第二条には、「生物の多様性」とは、……（中略）……種内の多様性、種間の多様性及び生態系の多様性を含む」と記されました。そしてこれが現在、生物多様性の定義として広く認められています。

日本には、〝生物多様性基本法〟という、わが国の生物多様性政策の根幹を定める法律があり、その中（第一章第二条）でも生物多様性はしっかりと定義されています。その定義は生物多様性条約に倣っていて、「さまざまな生態系が存在すること並びに生物の種間及び種内にさまざまな差異が存在することをいう」というものです。

まとめると、種間、種内、生態系の3つのレベルの多様性が生物多様性のもつ意味になります。それぞれ、〝種多様性〟〝遺伝的多様性〟〝生態系多様性〟と呼ばれています。

種多様性と遺伝的多様性

それでは、これら3つのレベルの多様性についての説明を進めましょう（図14）。

まず種多様性は、地球全体もしくはある地域に生息する種の豊富さを指します。生物多様性の中心的な概念といってもよいでしょう。

2‐3節で、「地球には、名前をつけていない種までふくめると875万種もの種がいるはずだ」という推定を紹介しましたが、これは地球全体の種多様性の見積もりです。種多様性の文脈では、種の絶滅こそが生物多様性の喪失に当たります。したがって、紹介した絶滅危惧種の概念は、種多様性と強く関係します。

生物多様性の2つ目のレベルは遺伝的多様性です。第2章で定義しましたが、復習しておきま

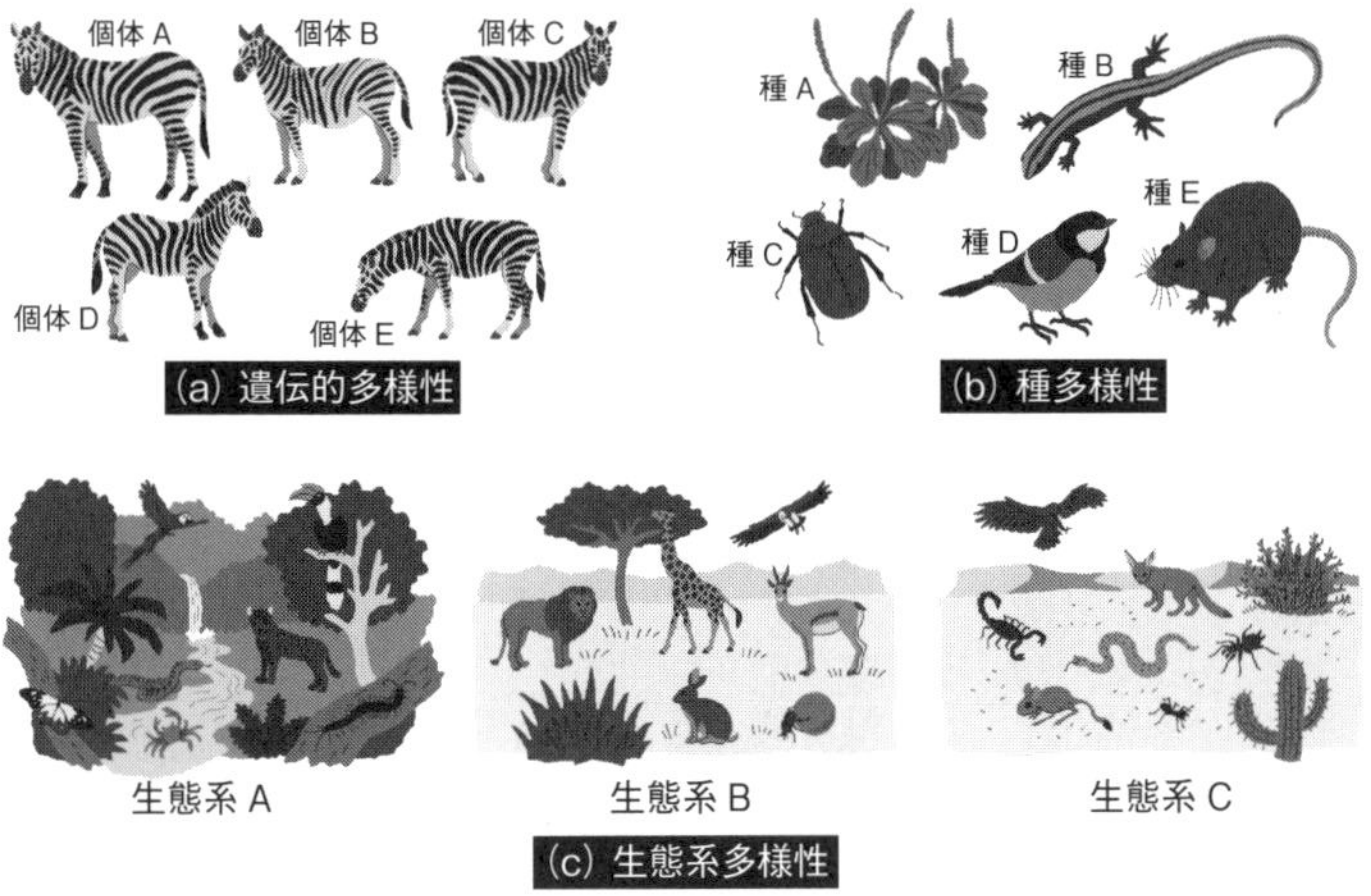

図14▶3つの生物多様性

しょう。遺伝的多様性とは、ひとつの種の中で見られる、個体間の遺伝子（のセット）の違いを指します。種多様性との階層的な関係でいうと、ひとつ下のレベルの生物多様性です。

遺伝的多様性は、本章の論点――種の個体数の少なさと絶滅しやすさとの関係――を理解するための重要概念です。後ほどじっくりと説明しますが、この文脈での遺伝的多様性の重要性をひと言でまとめれば、「種の個体数の減少は、遺伝的多様性の減少を招き、そのために種は加速度的に絶滅に近づく」となるでしょう。

生態系とは

最後に紹介するのは生態系多様性です。この概念を理解するためには、生態系の概念を知っておく必要があります。段階的に学んでいきましょう。

生態系はざっくりいうと、「（ある空間で）すべての生物と非生物的環境がおりなすシステム」です。これは生態学の中心概念であるだけでなく、次章の内容を理解するうえで必要なとらえ方でもあります。

生態系（ecosystem）という言葉を生み出したのは、イギリスの生態学者、アーサー・タンスリーです。彼はこの言葉・概念を複雑な自然を理解・整理するために役立てました[78]。

タンスリーは植生遷移を研究していました。植生遷移とは、ある場所に出現する植物種が時間とともに変化していく現象です。〝時間とともに〟といっても、数分や数時間、数日で起こる変化ではありません。植生遷移は数百年から数千年という時間をかけて、ゆっくりと進みます。

タンスリーは、ある時点まで勢力を誇っていた植物種がやがて衰退し、それに代わって別の種が侵入してくる植生遷移を不思議に思い、その理由を探りました。そして彼は、その理由は植物側ではなく、植物を取り巻く環境の側にあると考えました。環境が時間とともに変わることが、植生遷移を引き起こすことに気がついたのです。たとえば、ある植物種が衰退するのは、その植物がほかの背の高い植物に覆われて光を浴びられなくなり、光合成ができなくなるからかもしれません。はたまた、時間とともに土壌の成分が変わってしまったのかもしれません。こうした環境の変化が植生遷移の原因だとひらめいたのです。

この考察から彼は、自然の中での生物の振る舞いを理解するには、生物だけを調べても不十分で、それを取り巻く環境も同時に把握する必要があることを悟りました。生物と環境をセットで考えることは、今では生態学の常識ですが、当時はそうではありませんでした。それまでの生態学は生物だけを調査対象とし、生物を取り巻く環境にはほとんど見向きもしなかったのです。

ここで、系（システム）についても理解を深めておきましょう。システムとは、全体が複数の構成要素からなり、要素がそれぞれ個別にふるまうだけでなく、ある要素の振る舞いに対して、残りの要素が呼応するようにふるまうことで、全体のバランスがとれている状態を指します。

自然をシステムとしてとらえるのはよいアイデアです。自然界では、環境の変化に対応しながら構成要素（生物個体）が個別にふるまいます。そして、ある生物個体の挙動に合わせて、別の個体の振る舞いも変わります。さらに、生物と環境の関係は一方的なものではなく、生物の活動が環境を変えてしまうこともあります。

次項で、生物活動が環境を変えた例をひとつ紹介します。注目するのは、地球の大気組成です。

生物が大気を変えた

現在の地球の大気には酸素が豊富にふくまれていて、その割合はおよそ20%です（図15）。私たちヒトが地球で生存・活動できているのは、地球の大気にかくも豊富に酸素がふくまれているからといえます。ヒトをふくむ多くの生物は酸素を用いて有気呼吸をおこない、生命活動を維持しています。生物の中には、酸素を用いない呼吸（無気呼吸）のみをおこなう者もいますが、ヒトのように体の大きな生物は例外なく有気呼吸をしています。有気呼吸は無気呼吸に比べて膨大な

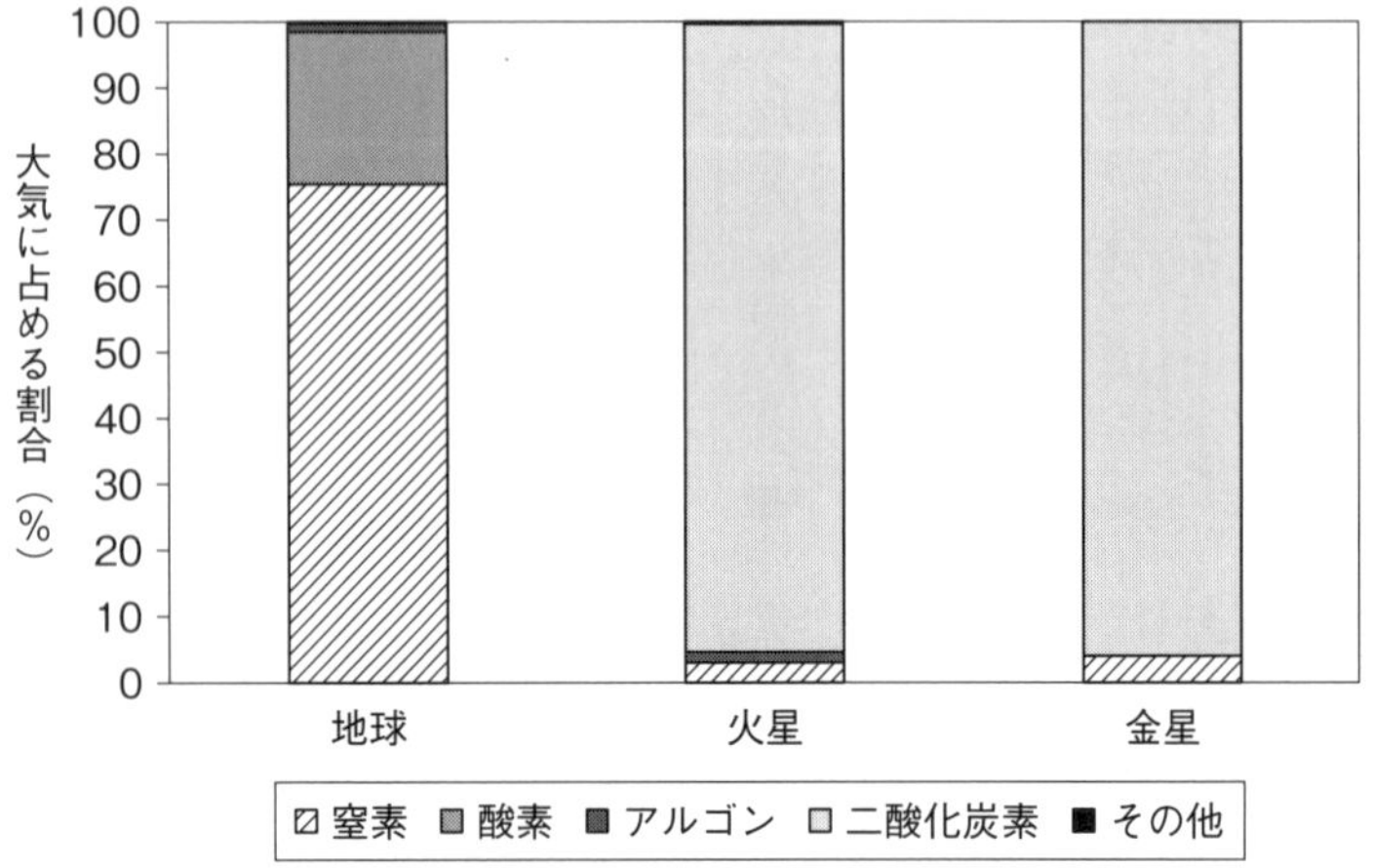

図15 ▶ 地球・火星・金星の大気組成[79]

エネルギーを生み出します。体の大きな生物は、生命活動をささえるために莫大なエネルギーが必要で、有気呼吸でなければそれだけのエネルギーを賄うことができないのです。

ここで、お隣の岩石惑星、火星と金星の大気の組成にも目を向けてみましょう。みなさんもご存じのように、地球の両隣の惑星の大気は、大部分を二酸化炭素と窒素に占められています。酸素がほとんどないこれらの惑星では、私たちは生活できそうもありません（もちろん、問題となるのは酸素欠乏だけではありませんが）。

火星や金星とは異なる地球の大気組成から、大気中に酸素を豊富にもつ地球は奇跡の惑星で、そのおかげで地球にのみ生命が誕生できた、と考えたくなります。しかし、それは正しくありません。原始地球の大気の組成は現在の火星や金星のそれとさほど変わらなかったと考えられているのです。そして、地球の大気に大量の酸素を供給したのは、生物活動だと信じられています。遅くとも27億年前には、酸素発生型の光合成をする原始的な生物であるシアノバクテリアが地球に現れました。光合成では、大気中の二酸化炭素が生物に取り込まれ、酸素が大気中に放出されます。数億年にわたりシアノバクテリアは光合成を続け、酸素を大気に供給し続けました。こうして供給された莫大な量の酸素が、地球の大気の組成を変えたのだと考えられています。

つまり、ヒトが地球で生活する素地をつくったのは、シアノバクテリアだったといえるでしょう。これは、生物の活動が環境に影響を与えた最たる例です。

生態系多様性

ここでようやく、生態系多様性の説明に移ります。

まず、地球上にはさまざまな〝環境〟が出現することを理解する必要があります。環境を決める代表的な要素として、気候（気温や降水量）が挙げられます。大ざっぱに見ると、地球では緯度にしたがって気候が変わります。日射量がおおよそ緯度によって決まるからです。加えて、大気や海洋の循環パターンや、大陸と海の配置、標高にも気候は強く影響されます。これらの要因のために、同じ緯度にあっても、場所ごとに特異的な気候が出現します。

さらに、たとえ同じような気候にあったとしても、地形や水はけ、土壌などの気候以外の条件によっても環境は変化します。

そして、こうした環境の変化に応じて、そこに生息する生物種も変わります。すなわち、多様な生態系が生じるのです。地球上に多様な生態系が出現することが、種より上のレベルにある生物多様性、生態系多様性です。

以上、生物多様性の概念を理解していただきました。準備は万全です。この概念を使いながら、次節から「個体数が少ない種は絶滅しやすいか？」という問題についての考察をはじめます。

5-2

個体数は多いほうがよい？——アリー効果

生物学では、ある地域での同一種の個体数が（ある程度までは）多いほうが、その種の生存や繁殖に有利だと考えられています。この考えは、最初に提唱したシカゴ大学の生態学者、ウォーダー・アリーにちなんで、〝アリー効果〟と呼ばれます。[80] アリー効果をもとに考えれば、個体数の少ない種は生存や繁殖に不利です。しかし、本当にアリー効果など実在するのでしょうか？

捕食の成功率、被食のリスク

一部の動物は、同種の個体が密集して生活します。この、ともに生活する集団は〝群れ〟と呼ばれます。

動物が群れをなす理由は、究極的には、そのほうが生存や繁殖に有利だからでしょう。群れることで、①食物を入手しやすくなり、②外敵から身を守りやすくなり、③繁殖の効率が上がる、という利益が期待できるのです。そして、こうした利益がアリー効果を生じさせます。

このように説明されても、ピンとこないかもしれません。ここからは、これら3つの利益を実例とともに紹介します。

シャチやライオン、チンパンジーやオオカミなどは、みごとなチームワークを見せながら群れで狩りをおこないます。たとえばシャチは、集団で泳ぎを同調させて大きな波をつくり出せます。そしてこの高波を利用して、浮氷の上に避難した獲物を海に落とし、襲いかかるのです。こうした狩りをする種では、群れが小さくなると狩りの効率が落ち、餌を得にくくなります。

反対に、外敵に捕食されるリスクがある種を考えましょう。こうした生物は、外敵から身を守る手段として群れで生活している場合があります。この場合、群れることのメリットは、外敵の接近に気づきやすくなることです。群れの誰かがいち早く外敵の来襲に気づけば、その個体は当然警戒行動をとります。すると、外敵を直接目にしていない個体も、群れの仲間に倣って警戒行動をとることができ、群れ全体として外敵に備えられるのです。不意打ちを食らいにくいというわけです。群れが小さくなることは、監視の目の減少、ひいては防御力の低下につながります。

この外敵に対する防御力という群れの利益を明らかにした研究を紹介しましょう。イギリスの生

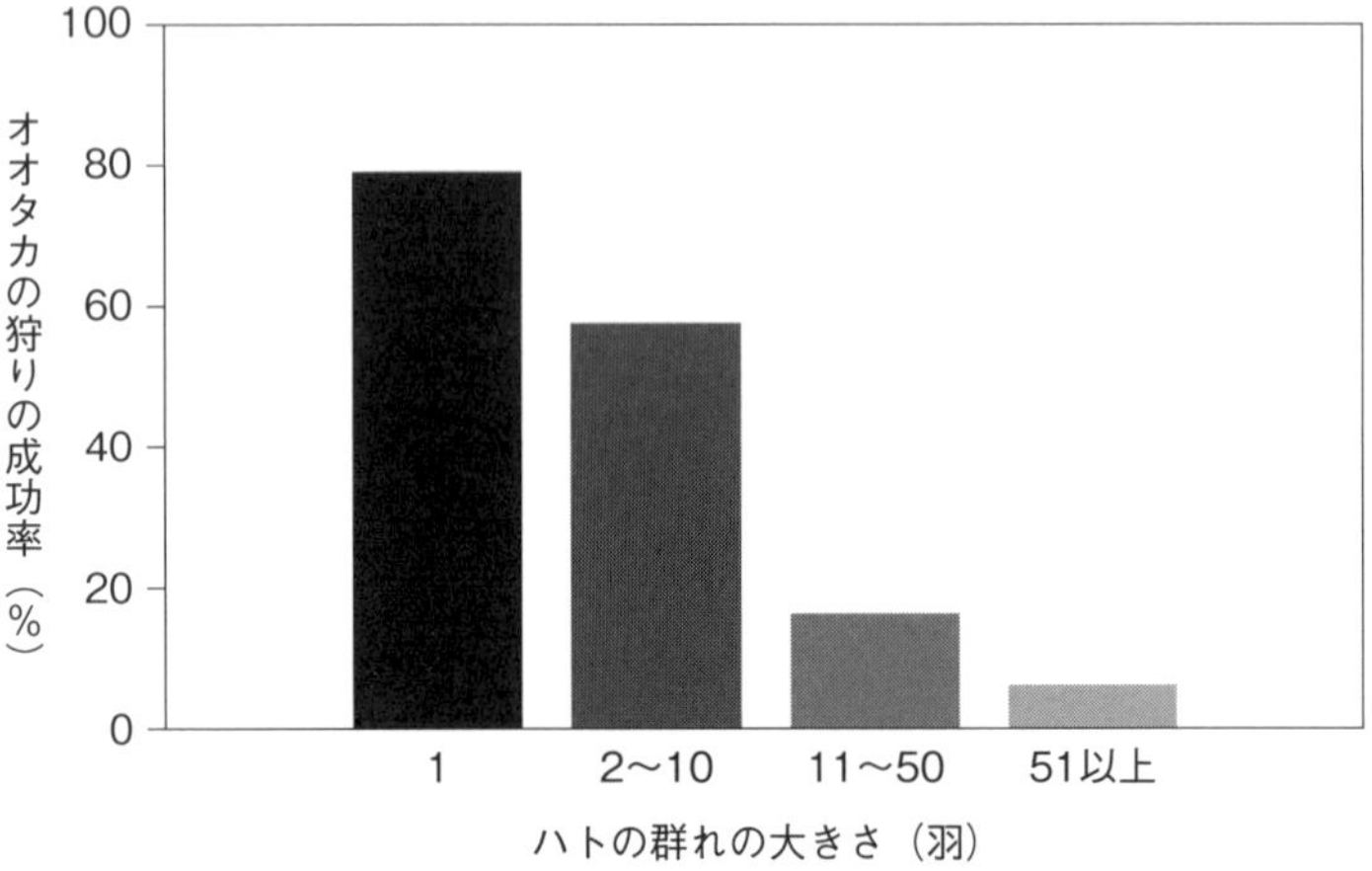

図16 ▶ ハトの群れの大きさとオオタカの狩りの成功率[81]

態学者、ロバート・ケンワードがおこなった、猛禽類に関する研究です。[81]

彼は、訓練したオオタカにハトの群れ（あるいは単独のハト）を襲わせ、群れの大きさと狩りの成功率の関係を調べる実験をおこないました。この研究では、単独でいるハトや、小さく群れていたハトが捕食されやすいことがわかりました。単独のハトを襲えば80%程度の確率で狩りは成功していたものの、11羽以上のハトの群れを襲った場合の成功率は20%くらいまで下がったのです（図16）。

さらに彼は、オオタカの狩りの成否を左右する要因も解明しました。重要なのは、オオタカがハトに気づかれずどれだけ近づけるか、でした。まだ遠いうちにハトに存在を気づかれたオオタカの狩りは、失敗に終わります。そして、大きな群れを狙った場合、群れのどのハトにも気づかれずに接近することが難しかったのです。

フジツボの集団

繁殖の効率

群れの大きさは、繁殖の効率にも影響します。いくつかの例を用いて説明しましょう。

ひとつ目の例はフジツボです。海岸の岩場などで、硬い殻に覆われた姿を見たことがある読者も多いでしょう。貝の仲間（軟体動物）と思われがちですが、エビやカニと同じ甲殻類です。フジツボは岩や岸壁に固着して集団で生活します。そして、一度固着した個体は、ほとんど移動することができません。

フジツボの繁殖は、生殖器官を用いた交尾によりおこなわれます（フジツボは雌雄同体で、すべての個体が精巣と卵巣をもちます。近くに他個体がいれば、相手の性別を気にする必要はなく、交尾可能です）。固着したフジツボが交尾する姿は想像しにくいのですが、体長の数倍もの長さの生殖器を近隣の個体にまで伸ばすのです。ちなみにフジツボは、体の大きさに対する生殖器の長さの割合が世界最大だといわれています。ただ、体は小さく１～２cm程度で、生殖器の長さは10cmにも達しません。ということは、自分の周囲（半径10cm以内の場所）に他個体がいなければ、繁殖できないことになります。すなわち、低すぎる個体密度は繁殖に不利ということです。

次に、群れをなさずに単独で暮らす、個体密度が非常に低い動物についても考えてみましょう。こうした動物は繁殖相手とめぐり会うのに苦労します。

北米大陸に住むハイイログマ（分類学的にはエゾヒグマと同じ種）は個体密度が極端に低く、１００km^{2}あたり１・６頭しかいないと推定されています。[82] ちなみに、東京23区の面積は６２７・６km^{2}ですから、この中に北米と同様の個体密度でハイイログマが生息していたとすると、総数は10頭くらいです。東京23区の人口は９７１万人ですから、ハイイログマの個体密度は東京の人口密度の約１００万分の１程度——非常に小さいのです。

今の個体密度でも異性にめぐり会えるか心配ですが、さらになんらかの原因で個体密度が下がれば、一生に一度も異性に出会えない個体が出てきてしまうでしょう。

以上がアリー効果の具体例です。アリー効果を用いれば、個体数が少なくなると生存や繁殖に不利になることを間接的に説明できます。つまり、個体数の減少により、前述の３つの利益のいずれかが失われ、その結果、生きにくくなるというアイデアです。

次節からは視点を変え、アリー効果を介すことなく、個体数の少なさを直接的に絶滅リスクと結びつけながら、「個体数が少ない種は絶滅しやすいか?」という問題について考察を進めます。

5-3 メスだけになったキタシロサイ

偶然だけの理由で死亡数や出生数が変化し、個体数が変動することを〝人口学的浮動〟あるいは〝人口のゆらぎ〟と呼びます。人口が多ければ、人口学的浮動が全体におよぼす影響は無視できるほど小さいものです。しかし、人口が減ると、その影響は途端に大きくなり、場合によっては絶滅の理由になりえます。

とはいえ、〝偶然だけの理由〟が何を指すのかつかみにくいかもしれません。そこで、もっともイメージしやすい例を用いて、偶然だけの理由で集団が絶滅しうることを説明します。

子どもの数と性の偏り

もっともイメージしやすい人口学的浮動の例は、偶然に集団のすべての個体の性別がどちらか一方に偏ってしまうことです。雌雄異体の動物が子をつくるには、オスとメスの間の有性生殖が必要です。ですから、すべての個体の性が完全にどちらか一方に偏ってしまった時点で、その集団の絶滅が決まります。

性比が1：1の（オスが生まれる確率とメスが生まれる確率とが等しい）生物をモデルに、偶然だけの理由で、生まれてくるすべての子がどちらかの性に偏ってしまう確率を計算してみましょう。そして、その確率が子の数によってどのように変化するか考えてみましょう。

このモデルでは、集団の子がすべて同じ性になる確率は、二項分布を用いて計算できます（図17）。具体的には、子の数を n とすれば、すべての子の性がどちらかに偏る確率は、$0.5^n \times 2$ で求められます。たとえば n が100もあれば（子が100個体も生まれれば）、この値はほとんど0になるので、100個体の子すべての性がどちらかに偏ることは、まず起こらないといえます。しかし、n の数が減ると性が偏る確率は急上昇するのです。

絶滅の話題ではありませんが、ある逸話を紹介します。2013年にアメリカ・ミシガン州のある家族に起きた出来事です。この家では、同じ両親から12人連続で男の子が生まれました。ずいぶん子だくさんですが、注目したいのは12人全員が男の子だったことです。珍事として世界に報道されました。直感的に、12人連続で男の子が生まれるのは、あまりなさそうな話です。

12人の子全員の性別がどちらかに偏ってしまう確率を計算してみれば、直感の正しさを確かめられます。先ほどの式を使って計算すると、こうなる確率はわずか0・04％です（男子だけが12人続く確率は、その半分の0・02％）。このミシガン州の家族には、ほとんど起こらないまれなこと

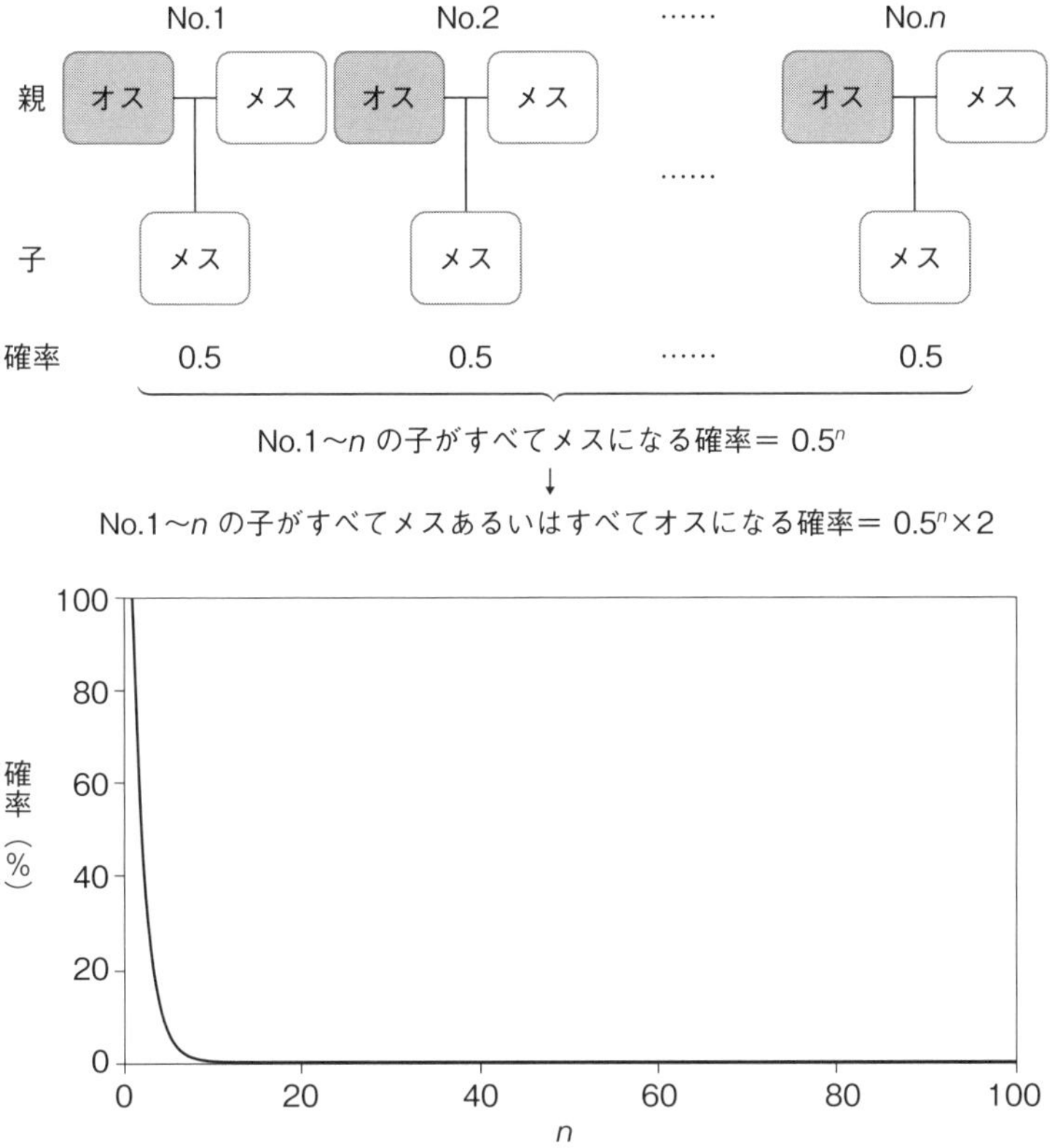

図17 ▶ 子の性が同じになる確率

が起こっていたのです。

この計算から学べることは、12個体からなる集団で、全個体の性がどちらか一方に偏ることなど、めったにないということです（ミシガンの家族では起こってしまいましたが）。ですから、集団のすべての個体がどちらかの性に偏るという事態は、集団が数個体レベルにまで小さくなったときに初めて、現実問題となります。たとえば、5個体まで個体数を落とした集団では、全個体がどちらかの性に偏ってしまう確率は6・3％、3個体になると25％まで上昇します。

ただ、逆にいえば、ここまで個体数が減少しなければ問題とならないのも事実です。もしかすると、雄雌の数のアンバランスによる絶滅は机上の空論で、現実には起こりえないと考える人がいるかもしれません。しかし実際には、多くの動物がこの要因でとどめを刺されています。

性の偏りにとどめを刺された種

北米に生息するホオジロ類の仲間、ハイイロハマヒメドリはかつて、フロリダ州のメリット島に生息していました。メリット島の集団は、ほかのハマヒメドリと比べて体色が濃く、さえずり方も異なるため明瞭に区別でき、ハイイロハマヒメドリと呼び分けられています。かつてはほかの地域のハマヒメドリとは別の種として扱われていたこともありますが、現在は、亜種（生物の分類学上、〝種〟の下位の分類単位）とするのがふつうです。

生息地の破壊によりハイイロハマヒメドリの個体数は急落し、1980年にはわずか5個体だ

ハイイロハマヒメドリ
（P. W. Sykesによる）

キタシロサイ（写真提供：Alamy / PPS通信社）

けになってしまいました。[83] さらに不幸なことに、これら5羽はすべてオスでした。これではもう、繁殖がかないません。最後の1羽が死んだのは1987年のことです。そしてこの死が、ハイイロハマヒメドリの絶滅でもありました（ハマヒメドリ自体は北米に現在でも生息しています）。

アフリカ中部に生息するキタシロサイは、密漁により急激に数を減らしました。100年前には数十万頭いたと推定されているキタシロサイは、1980年代前半には1万9000頭まで減少し、1990年代には1000頭以下となります。[23] 密猟はその後も続き、2009年には8頭、2014年には5頭を残すのみとなりました。その後、3頭まで減ったキタシロサイは2018年、メス2頭を残して最後のオスが死にました。新たなオスの個体が見つからない限りは、キタシロサイの絶滅は避けられない運命です。

これらの例が示すように、個体数が減少すると、人口学的浮動の影響が大きくなり、最悪の場合、絶滅の至近的な原因となるのです。

5-4 たったひとつの感染症で全滅しかけたチーター

ここからは、個体数の減少と遺伝的多様性の低下、そして絶滅（種の減少）のしやすさの三者関係に焦点を絞って話を進めます。個体数が減少すると、遺伝的多様性が低下しがちです。そして、遺伝的多様性の低下は、集団に不利益を生じさせることがあります。この節では、遺伝的多様性の低下がもたらす禍いについて解説します。

個体数減少から遺伝的多様性減少へ——遺伝的浮動

個体数が減少すると遺伝的多様性も減少します。その理由のひとつであるボトルネック現象は第2章で紹介しましたが、個体数減少が遺伝的多様性の減少をもたらすメカニズムはほかにもあります。〝遺伝的浮動〟と呼ばれる現象です。個体数の減少に伴う遺伝的多様性の減少の理由を包括的に理解するため、遺伝的浮動についても把握しておきましょう。

遺伝的浮動は、遺伝的多様性が偶然に変動する現象を指します。いわば、前節で説明した人口学的浮動の遺伝子版です。遺伝的多様性も偶然だけの理由で、世代とともに変化することがあります。そして、集団の個体数が減少すると、遺伝的浮動の影響が遺伝的多様性の維持を妨げるのです。

この問題が現実のものであることは、コンピューターシミュレーションによる研究が支持しています[84]。その研究は、遺伝的多様性をもつ生物集団内で起こる遺伝的浮動の影響を調べたもので、初期の集団のサイズ（個体数）をさまざまに変化させておこなわれました。その結果、100個体より小さな集団で遺伝的浮動による遺伝的多様性の減少がはじまり、集団が小さくなればなるほど、遺伝的多様性の減少スピードが上昇することがわかりました。

しかし、ここで疑問が生じます。遺伝的多様性が減少すると、何か不都合があるのでしょうか？

生物学では一般的に、遺伝的多様性の高い種は絶滅しにくいといわれます。これは、遺伝的多様性の高さは、その種が将来の環境変動を克服する可能性を高めるという考えにもとづきます。

種の遺伝的多様性は、個体の多様性の源です。そして、種を構成する個体の性質が多様であれば、ひとつの原因による絶滅を避けられる可能性が高まります。それはつまり、たとえ環境変動が生じ、生き抜くことが厳しい状況が訪れたとしても、集団の中にはその新しい環境で生き延びられる性質（＝遺伝子）をもつ者がいる可能性が高いということです。遺伝的多様性は集団としての不測の事態への備えになると考えられています。

以上の説明を読んですんなりと納得できた方もいらっしゃるかもしれませんが、少し慎重になるべきです。本当に、遺伝的多様性にこのような利益を期待してよいのでしょうか？　次にこの点の考察を深めましょう。まずは、いま問題視した〝環境変動〟とは具体的に何を指すのか考えます。

生物が乗り越えなければならないもの

もしかするとみなさんは、温暖化や寒冷化、はたまた干ばつや大雨といった、環境の物理的な変化を〝環境変動〟の正体と想像されたかもしれません。しかし、生物学者の見立ては違います。性の進化に関する書籍『赤の女王　性とヒトの進化』を著したイギリスの科学ジャーナリスト、マット・リドレーは、物理的な要因により動物が死んだり繁殖が妨げられたりする確率が、じつはきわめて低いことを指摘しました[85]。そしてこれを理由に、物理的環境の変動は生物にとって乗り越えなければならない不測の事態には当たらない、と論じました。

生物にとって環境変動とは、生物種間の相互作用、とりわけ病原体との軍拡競争における変化ではないかと、生物学者は疑っています。病原体とはほかの生物に寄生する生物の中でもとくに、宿主にとって病気の原因となる原生生物・真菌・細菌・ウイルスなどを指します。そして、病原体によって起こされる病気が感染症です。病原体を想定することで、前項で説明した遺伝的多様性の利益への期待が現実的になることを説明します。

病原体が原因で、それまで知られていなかった病（新興感染症）が突如として蔓延することがあります。そして、そうした病が宿主の存続を脅かしうることは、ご存じのとおりです。2020年以降の新型コロナウイルス感染症の大流行もその一例です。中世のヨーロッパでは、ペストにより人口が激減しました。ヒト以外の種にとっても新興感染症は問題で、高病原性鳥インフルエンザが家禽や野鳥の間で猛威を振るっていることは、みなさんもご存じでしょう。

生物はこうした病原体と互角に渡り合わなければなりません。そして、生命を賭した病原体との競争では、遺伝的多様性が武器になることがわかってきました。これをほのめかす事実として知られているのが、1845年から数年間、アイルランドで続いた大飢饉です。この大飢饉の背景にはジャガイモの病気がありました。

19世紀のアイルランドではジャガイモは庶民の主食で、彼らはジャガイモ以外のものはほとんど口にできませんでした。当時アイルランドで栽培されていたジャガイモはたったひとつの品種でした。この品種は、高い生産能力からアイルランド人に好まれたようです。ただ、ひとつの品種だけを栽培していたということは、遺伝的多様性が極端に低かったことも意味します。

そんな中、ジャガイモ胴枯病《どうがれびょう》が、ヨーロッパ大陸やイングランドを経由してアイルランドに侵入してしまいました。ジャガイモ胴枯病は、カビの一種によりもたらされる最悪な病気で、感染したジャガイモは急速に枯れていきます。葉や茎などの地上部に症状が出るころには、もうイモは地中で腐り、食べられなくなっています。農民が感染に気づいたときには、すでに手遅れです。

ジャガイモ胴枯病は瞬く間にアイルランド中に広がりました。アイルランドで栽培されていたジャガイモのほぼすべての個体が遺伝的に均質で（遺伝的多様性が著しく低く）、ジャガイモ胴枯病に対して抵抗性をもたなかったからです。こうして大飢饉が起こりました。大飢饉が起こる前のアイルランドの人口はだいたい800万人くらいだったといわれていますが、大飢饉により100万人ほどが餓死したと見積もられています。

アイルランドの大飢饉は、至近的にはジャガイモ胴枯病によりもたらされました。しかしその根底には、遺伝的多様性の低さに起因する耐病性の低下があったのです。

エンドウの種子の色――対立遺伝子

遺伝的多様性の病原体への効果をより深く理解するには、遺伝子について学ぶ必要があります。少しばかり遠回りとなりますが、遺伝学のお勉強にどうぞお付き合いください。

遺伝子は遺伝をつかさどる化学物質で、生き物の体の設計図として働きます。遺伝子の本体はDNAです。DNAのもつ遺伝情報をもとにして、生存に必要なさまざまなタンパク質がつくられます。

DNAの遺伝情報が個体間で異なれば、それによりつくられるタンパク質もお互いに異なり、結果として形質（各個体のもつ形態学的、生理学的、そして行動学的な特徴）も変わります（その具体例については、後ほど「マラリアと遺伝病のジレンマ」の項で紹介するヘモグロビン遺伝子を参考にしてください）。もちろん、育ってきた環境や経験の違いが原因となって生じる個体差もありますが、DNAの違いは形質の個体差を生み出す原動力になっているのです。

DNAは、細胞内にある〝核〟と呼ばれる細胞小器官の中に幾重にも折り畳まれて収納されています（図18）。このDNAが折り畳まれた構造物が〝染色体〟です。染色体に関する知識は、遺伝的多様性の減少がもたらす禍いを理解するためにとくに重要です。

有性生殖をおこなう生物の細胞（核）には、形や大きさが同じ染色体が2本ずつ、対になって入っています。この状態の細胞をもつ生物を〝二倍体〟と呼び、一対の染色体を〝相同染色体〟

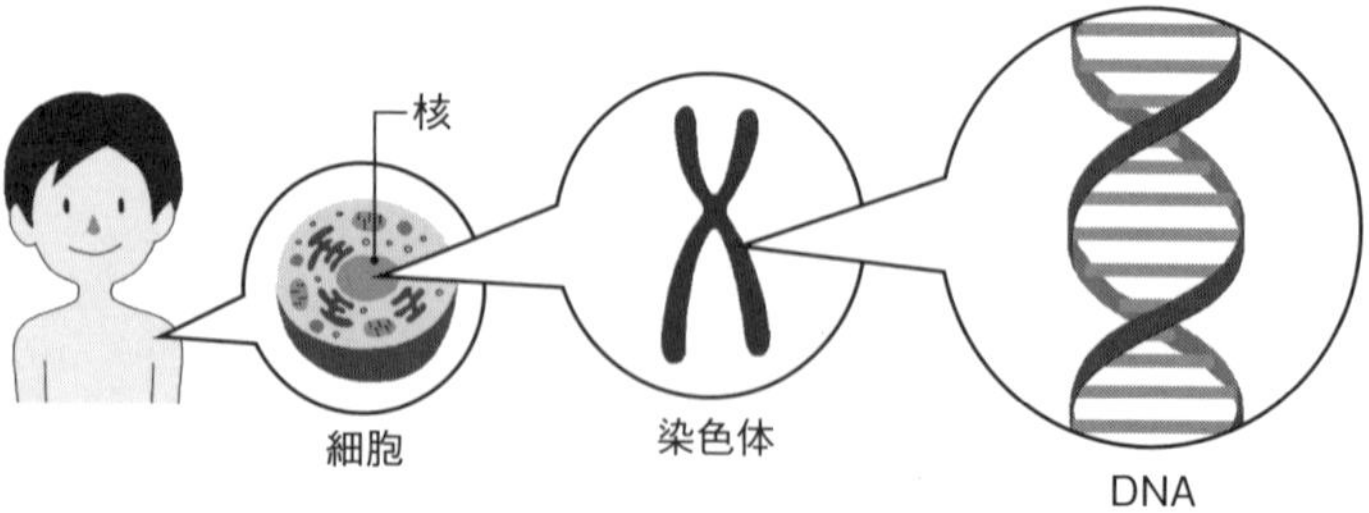

図18 ▶核、染色体、DNA

といいます。一対の相同染色体のうち1本は母親由来（もともとは卵細胞にふくまれていました）で、残りの1本は父親由来（こちらは精子にふくまれていました）です。

遺伝子により決定される形質には複数の型があり、個体にはいずれかひとつの型しか顕れえないものがあります。例を示したほうがイメージしやすいかもしれません。遺伝の法則を見つけたことで有名なオーストラリアの植物学者、グレゴール・ヨハン・メンデルが実験に用いた、エンドウの種子の色に注目します（図19）。

エンドウの種子の色の形質には黄色と緑色があります。当たり前ですが、種子は黄色になれば、緑色にはなれません。これが、「形質には複数の型があり、個体にはいずれかひとつの型しか顕れえないもの」の実例です。こうした形質は〝対立形質〟と呼ばれ、対立形質をつかさどる遺伝子を〝対立遺伝子〟といいます。

ある形質を担う対立遺伝子は、必ず染色体上の決まった位置に存在します。遺伝子の染色体上の位置のことを〝遺伝子座〟と呼びます。つまり、どの相同染色体を見ても、同じ位置（遺伝子座）には同じ対立形質に関する遺伝子が存在するということで

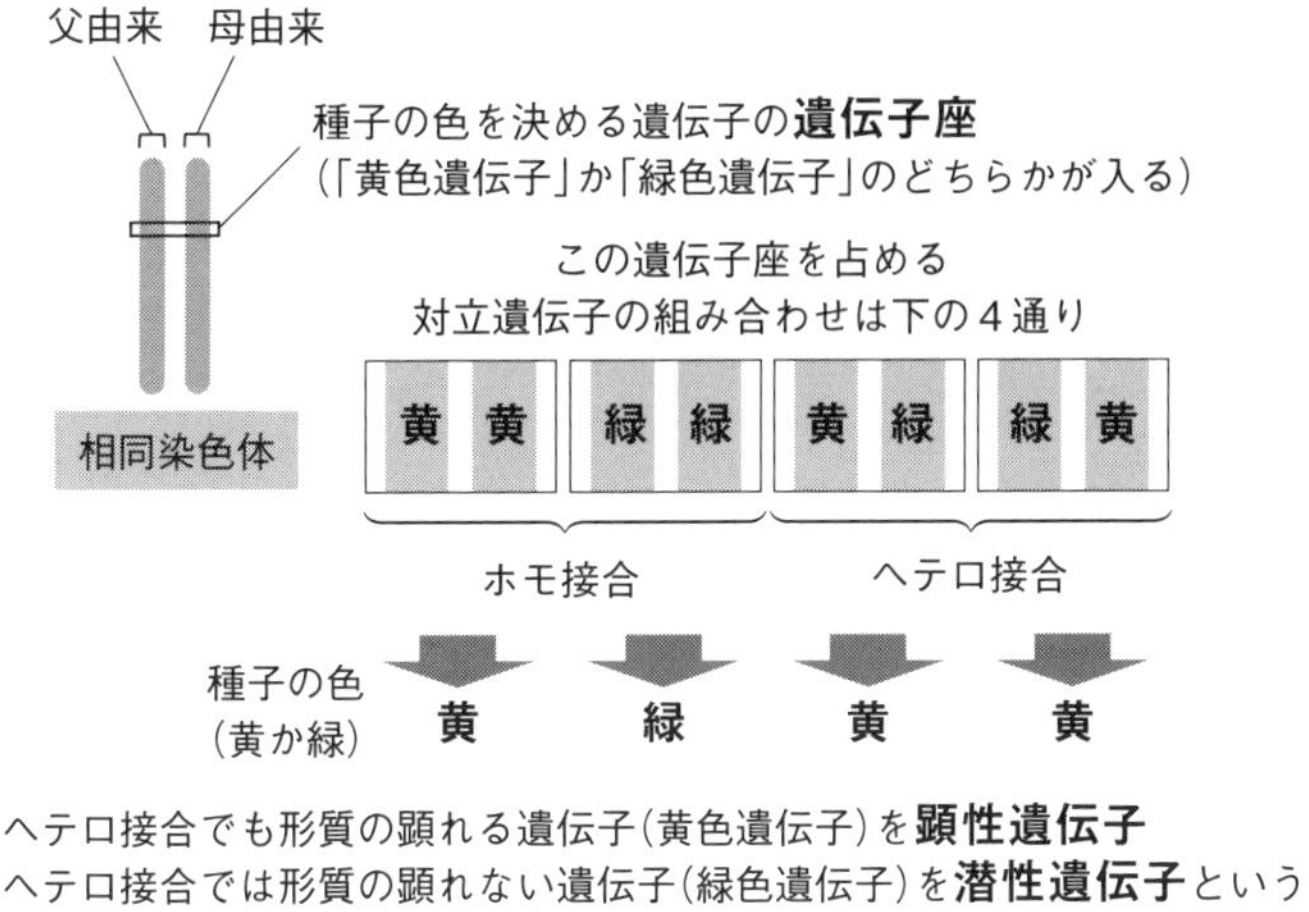

図19 ▶染色体と遺伝

す。

これは、同じ遺伝子座にある対立遺伝子の中身（遺伝情報）が同じであることを意味しません。エンドウの染色体上のある遺伝子座は、種子の色に関する遺伝子に占められています。そしてこの遺伝子座は、種子を黄色にする遺伝子に占められることもあれば、種子を緑色にする遺伝子で占められることもあるのです。

エンドウの種子の色で考えると、ある遺伝子座における対立遺伝子の種類は2つだけ（〝黄色遺伝子〟と〝緑色遺伝子〟）ですが、通常、ひとつの遺伝子座に入る対立遺伝子にはたくさんの種類があります。なお、集団に複数の対立遺伝子がある状態を〝多型〟といいます。

遺伝的多様性の定量評価

対立遺伝子の多型を用いて、種のもつ遺伝的多様性を定量評価することが可能です。たとえば、遺伝子座の総数に対する多型をもつ遺伝子座の数の割合（多型遺伝子座率）や、遺伝子座あたりの対立遺伝子数などが、遺伝的多様性の指標となります。

個体のもつ形質は、一対の相同染色体にある対立遺伝子の組み合わせで決まります。ある個体（二倍体）は、母親由来と父親由来の一対の染色体をもつので、母親由来と父親由来の対立遺伝子の組み合わせで子の性質が決まるということです。このメカニズムについて、再びエンドウの種子の色を例に、よりくわしく解説します。

たとえば、母親由来の染色体に黄色遺伝子が、父親由来の染色体にも黄色遺伝子が乗っていた場合、子は黄色の種子をつくります。両親から緑色遺伝子を受け継いだ子は、もちろん緑色の種子をつくります。この例のように、一個体がもつ相同染色体の特定の遺伝子座を見たとき、両方の染色体が同じ遺伝子に占められていることを〝ホモ接合〟といいます。

つねにホモ接合になるとは限りません。母親由来の染色体と父親由来の染色体とで、同じ遺伝子座が異なる情報（対立遺伝子）に占められることもあり、これを〝ヘテロ接合〟といいます。

ヘテロ接合の場合、どちらの形質が顕れるのでしょうか？　エンドウの種子の色にかかわる遺伝子座がヘテロ接合の場合、つまり、一方の親からは黄色遺伝子を、もう一方からは緑色遺伝子を受け継いだ場合を考えましょう。

じつは、ヘテロ接合の場合にどちらの形質が顕れるかは、遺伝子座ごとにあらかじめ決まっています。エンドウの種子の色を決める遺伝子がヘテロ接合の場合、必ず黄色の種子をつくります。片方の親から受け継いだ緑色遺伝子は、その個体では発現しないのです。黄色遺伝子のように、ヘテロ接合でも顕れるほうを〝顕性遺伝子〟、緑色遺伝子のように、ヘテロ接合では顕れないほうを〝潜性遺伝子〟といいます。

ある遺伝子座に注目したとき、集団の全個体数に対してヘテロ接合をもつ個体数の割合は、遺伝的多様性の記述に用いることができます。これが、〝ヘテロ接合度〟と呼ばれる遺伝的多様性の尺度です。もちろん、この値が大きいほど、遺伝的多様性は高いと評価されます。

マラリアと遺伝病のジレンマ

さあ準備は整いました。ここから、遺伝的多様性の減少と耐病性、そして絶滅リスクがどうつながるか説明しましょう。

まずは、マラリアという感染症を紹介します。遺伝的多様性がマラリアへの対抗性に重要であることがわかってもらえるはずです。

熱帯域を中心に世界で猛威を振るっているマラリアには、世界で年間3億人が感染し、100万人が犠牲になっているといわれています。私も不本意ながら、インドネシアでの調査中にマラリアに罹患し、死にかけたことがあります。あれはつらい経験でした。みなさんがマラリアにかからないことを、心からお祈りいたします（日本にいる限り、マラリアにかかることはありません。海外に行く場合にも、予防薬の服用などである程度防げますから、ご安心ください)。マラリアの流行には強い地域性があり、患者の90%がアフリカに集中するといわれています。ここで取り上げる例は、アフリカでのマラリア耐性に関するものです。

マラリアの病原体はマラリア原虫です。原生生物界に分類されるマラリア原虫は、ヒトの体内に入ると爆発的に増殖します。この増殖の舞台は血液中の赤血球です。赤血球に潜り込んだマラリア原虫はそこで増殖し、やがてその赤血球を破壊すると、別の赤血球を求めて血液中に移動します。運よく別の赤血球に再びとりつくことができたマラリア原虫は、増殖と赤血球の破壊のサイクルを繰り返します。

ここでいったんマラリアから離れて、鎌状赤血球貧血症と呼ばれる病気を紹介します。マラリアへの抵抗性を理解するためには、この病気の知識が必須です。

鎌状赤血球貧血症は昔からよく知られていた遺伝病(遺伝子が原因となり発症する、遺伝する病気)で、赤血球の異常により重い貧血症をもたらします。鎌状赤血球貧血症の場合、血液中の酸素が不足すると、赤血球が鎌状に変形し、血管内で詰まるなどして貧血を起こしてしまうのです。

この恐ろしい病は、医学的治療を施さなければ高い確率で死にいたります。親からこの病気を受け継ぐと、マラリアにかからずとも死んでしまう可能性が高い一方で、マラリアに対して抵抗性をもつことも知られています。マラリア原虫は鎌状に変形した赤血球では増殖できないのです。

鎌状赤血球貧血症患者の赤血球の変形をもたらすのは、ヘモグロビン(赤血球にふくまれる赤色色素タンパク質）の違いでした。[86] ヘモグロビンには*A*型と*S*型があり、*S*型が赤血球の鎌状の変形を引き起こすのです。そして、*A*型と*S*型を分けるのは遺伝子の塩基配列のたった1ヵ所のちがいでした。つまりヘモグロビン遺伝子には、マラリアへの抵抗性をもたない*A*型のタンパク質をコードした遺伝子（Hb^{A}と呼ぶことにします）と、その対立遺伝子で、マラリアへの対抗性をもつ*S*型のタンパク質をコードした遺伝子（Hb^{S}と呼びます）があるということです。

Hb^{A}のホモ接合は*A*型のヘモグロビンをつくるので、マラリアにかかれば危険です。Hb^{S}のホモ接合は医学的治療なしでは死んでしまいます。では、Hb^{A}とHb^{S}のヘテロ接合はどうでしょうか。

　前項で、ヘテロ接合の場合、どちらかの形質しか顕れないと説明しましたが、*Hb*遺伝子は例外でした。Hb^{A}とHb^{B}のヘテロ接合では、*A*型と*S*型の中間的な性質が顕れるのです（不完全優性といわれる現象です）。つまり、Hb^{A}とHb^{S}のヘテロ接合体では、酸素不足のとき、ごく少数の赤血球が鎌型になるだけで、貧血症は軽く済みます。また、マラリアに対する抵抗性ももちます。*A*型と*S*型のいいとこどりといえるでしょう。

　この遺伝子のように、ヘテロ接合がホモ接合に対して有利な形質を顕すことを、〝超優性〟とか〝ヘテロ接合体の有利性〟と呼びます。

　アフリカ西部などマラリアが多発する地域では、Hb^{S}をもつ人が比較的多いことが知られています。[87] これらの地域では、Hb^{S}はマラリアへの抵抗性のために保存されてきたと考えられています。[88] もし遺伝病のためにHb^{S}が集団から失われれば、Hb^{A}ホモ接合体しか生まれてこず、マラリアにより集団が全滅してしまったかもしれません。

このように、対立遺伝子の多型が感染症への対抗策となる場合があります。マラリア耐性と関連したヘモグロビン遺伝子の多型は、遺伝的多様性の重要性を示す一例といえるでしょう。

多様な危機に対処するしくみ

次に紹介するのは、免疫に関する知見です。免疫は、多種多様な病原体から自分を守る危機管理システムです。その働きを簡単に表すと、体内で〝自己〟と〝非自己〟を識別し、〝非自己〟と認識された物体を排除すること、となります。そして、〝自己〟と〝非自己〟の識別(病原体の検知)において遺伝的多様性は重要な役割を果たしています。

脊椎動物の免疫システムでは、主要組織適合性複合体(MHC)と呼ばれる遺伝子群が自己と非自己の識別を担います。この遺伝子群のつくり出すタンパク質の機能は、非自己の侵入をいち早く検知することですから、病原体からの防御の根幹を支えているといっていいでしょう。

ヒトのMHC(ほかの動物のMHCと区別する際にはHLAと呼びます)には、6つの遺伝子座が関与しており、その各遺伝子座が多型をもつことがわかっています。MHCの多様性は非常に高く、他人とまったく同じMHCをもつことはほとんどありません。

MHCの多様性を示す事実として、臓器移植の難しさが挙げられます。臓器移植とは、病気などにより十分な働きを果たせなくなってしまった臓器を取り除き、代わりに他人(ドナー)の健康な臓器を移植する治療です。一般的に実施が困難な治療ですが、その理由は、移植片が免疫システムにより異物とみなされ、拒絶反応が起こることが少なくないためです。この拒絶反応は、患者とドナーの間でMHCの遺伝子型が異なるために生じます。したがって、臓器移植を実施するには、MHCの遺伝子型がある程度一致しているドナーを見つける必要があります。血縁関係のない人の間では、臓器移植が可能なほど遺伝子型が一致する確率は「数万人に1人」といわれています。

MHCがつくるタンパク質の機能を考えましょう。じつはこのタンパク質は、病原体の識別能力と強く関係します。たとえば、ある病原体に対してとても敏感で、高精度で非自己として識別できるタンパク質もあれば、同じ病原体に対して鈍感なタンパク質もあるのです。

集団がMHCの遺伝的多様性を高く保つことは、集団の防御機能上、重要です。遺伝的多様性が高く、集団をつくる個体がそれぞれほかと違うタンパク質をもつならば、病原体がこの検知網をすり抜けるのは困難でしょう。つまり、集団の誰かのMHCがつくるタンパク質が病原体を検知すると期待できるということです。病原体を検知できなかった個体は感染し、死んでしまうかもしれません。しかし、検知できた個体は感染を免れるはずです。つまり、集団としてMHCの遺伝的多様性を高く保てば、〝全滅〟を避けるチャンスが広がります。生き延びる個体がいれば、そこから長い時間がかかるかもしれませんが、個体数を回復すると期待できます。

反対に、遺伝的多様性が低く、集団の全個体が同じMHCしかもっていなかったらどうなるでしょうか。このMHCのつくるタンパク質が、ある病原体に対して無応答もしくは低応答である場合、すべての個体がその病原体に侵され死んでしまうことさえありえます。このような事態を避けるためには、MHCが多様でなければならないのです。

ここで、先に検討した、遺伝的多様性がもたらす利益を思い出しましょう。致命的な環境変動が生じたとき、個体の性質が多様であるほど、その環境でさえ生き延びられる個体がふくまれる、と期待できるのでした。病原体に対するMHC応答を考えれば、この期待が現実的であることを、本節の説明から実感できたと思います。遺伝的多様性の高さは、こうして種を強くするのです。

絶滅危惧種のMHC

MHCに関する知見はまさに、遺伝的多様性の低下が病原体への耐性の低下につながることを直接的に示しています。では、実際の絶滅危惧種の遺伝的多様性はどうなっているのでしょう?

絶滅危惧種であるライオンの一部地域の群れやチーターは、遺伝的多様性が非常に低いことが知られています[89]。たぶん、これらの集団は過去に深刻なボトルネック現象を経験し、集団全体の遺伝的多様性が激減してしまったのでしょう。こうした集団や種ではもちろん、MHC多様性の低下も予想され、それに伴う病原体への抵抗性の低下が心配されています。

チーターのMHC多様性の程度が調べられたことがあります[89]。この調査は、チーターのMHC

チーター（写真提供：Digital Network / PPS通信社）

多様性がネコ科あるいは哺乳類の別種と比べて10分の1から100分の1しかないことを明らかにしました。チーターのMHC多様性は予想どおり、ほかの種よりもはるかに低かったのです。

チーターのMHC多様性の低さは、別の調査でも確認されています。[89] チーターを用いた皮膚移植実験です。チーターでも当然、MHCの遺伝子型が一致しない個体どうしの間で皮膚移植をすれば、拒絶反応が起こります。

移植実験では、14頭の南アフリカ産のチーター（4頭は南アフリカのチーター繁殖施設、2頭はヨハネスブルグ動物園、8頭がオレゴン州のサファリ・パーク）が用いられ、7組の移植のペアがつくられました。ペアの2頭について、互いに相手の皮膚を移植し合ったのです。7組のペアのうち、1組は姉妹どうしでしたが、残りの6組には血縁関係はありませんでした。

移植後、拒絶反応を起こした個体は1頭もいませんでした。たぶんこれは、14頭のチーターの間の遺伝的な多様性が極度に低いことが原因だと考えられています。もしかすると、MHC多様性の視点で見ると、すべてのチーターはクローンのようなものかもしれません。

チーター個体間でのMHCの均質性は、免疫システムの観点から大きな懸念を生じさせます。先に論じたとおり、集団の全個体が似たようなMHCしかもっていなかったら、たった1種の病原体にすべての個体が侵され、集団全体が大打撃を受けるかもしれません。じつは、この不安が現実のものになったことがあります。

ネコにとっての病原体に、ネコ腸コロナウイルス（FeCV、ヒトのSARSウイルスに近いといわれています）があります。ネコの間で広がるウイルスですが、ネコの罹患率は通常10%未満で、死亡率は1%程度です。

FeCVが繁殖施設のチーターの間で広がってしまったことがあります。1983年のことです。その感染状況はネコの比ではありませんでした。半年以内にその施設のすべてのチーター（45頭）がFeCVに感染し、それが原因で3年以内に60%のチーターが死亡しました。これは、知られている限り最悪のFeCV感染の事例です。[89] チーターのMHC多様性が低いために、最初の犠牲者の免疫系をすり抜けたFeCVが、すべてのチーターに瞬く間に広がったと考えられます。

ここまでの説明で、遺伝的多様性が病原体との戦いにおいて重要な役割を担っていることが理解できたと思います。まとめれば、集団の個体数の減少は遺伝的多様性の減少を招き、これを原因とする耐病性の低下を介して絶滅リスクの上昇を招く、ということになります。

5-5

ひなが生まれにくくなったソウゲンライチョウ

本章では、有性生殖する集団において個体数が減少することで高まるリスクを、2つに分けて考えてきました。すなわち、繁殖相手が見つからなくなるリスク（5-2節）と、生き残ったすべての個体がどちらかの性に完全に偏ってしまい、繁殖できなくなるリスク（5-3節）です。これらの考察から、繁殖ができる状況さえあれば安泰と思わせてしまったかもしれませんが、たとえ繁殖ができたとしても〝ジリ貧〟となる可能性があります。個体数が減少すると、近親交配を避けられなくなり、遺伝的多様性の維持の観点から問題があるからです。本節では、近親交配と関連するリスクを考えていきましょう。

有性生殖のパラドックス

ここからは、有性生殖と遺伝的多様性の関係について解説します。これを理解するためには、有性生殖のしくみをしっかりと把握しておく必要があります。

有性生殖とは、オスとメスが交配することで子孫を残す繁殖の形態です。ヒトも採用している方法なので、私たちにとっては当たり前ですが、じつは、その生物学的意義はいまだにはっきりしていません。ちょっと驚きですね。

有性生殖と無性生殖を比べてみましょう。当たり前なことにもかかわらず、見落としがちな事実があります。有性生殖は無性生殖と比べて子をつくる効率に劣るということです。イギリスの生物学者、ジョン・メイナード＝スミスは、これをわかりやすく解説しています。[90]

無性生殖する集団では、すべての個体が子を産む能力をもちます。集団内のすべての個体がメスである、と考えてもよいでしょう。一方、オスとメスの個体数がほぼ等しい、有性生殖をする集団では、半数の個体は子を産む能力をもたないオスです。つまり、繁殖効率を比べると、有性生殖をする集団は無性生殖をする集団の半分しかありません。メイナード＝スミスはこれを、〝性の2倍のコスト〟と呼びました。

たとえば、ほかの性質がまったく同じで、有性生殖をする集団と無性生殖をする集団がひとつの種内に共存しているとします。この場合、繁殖効率が無性生殖集団の半分しかない有性生殖集団は、無性生殖集団との競争に敗れ、やがて淘汰されてしまうはずです（図20）。つまり、有性生殖が進化する余地などありません（有性生殖型と無性生殖型がひとつの種の中に現れるというのはありえない設定と思われたかもしれませんが、アカソやコアカソ、ヒヨドリバナなどの多くの植物の種では無性生殖型と有性生殖型が共存しています）。

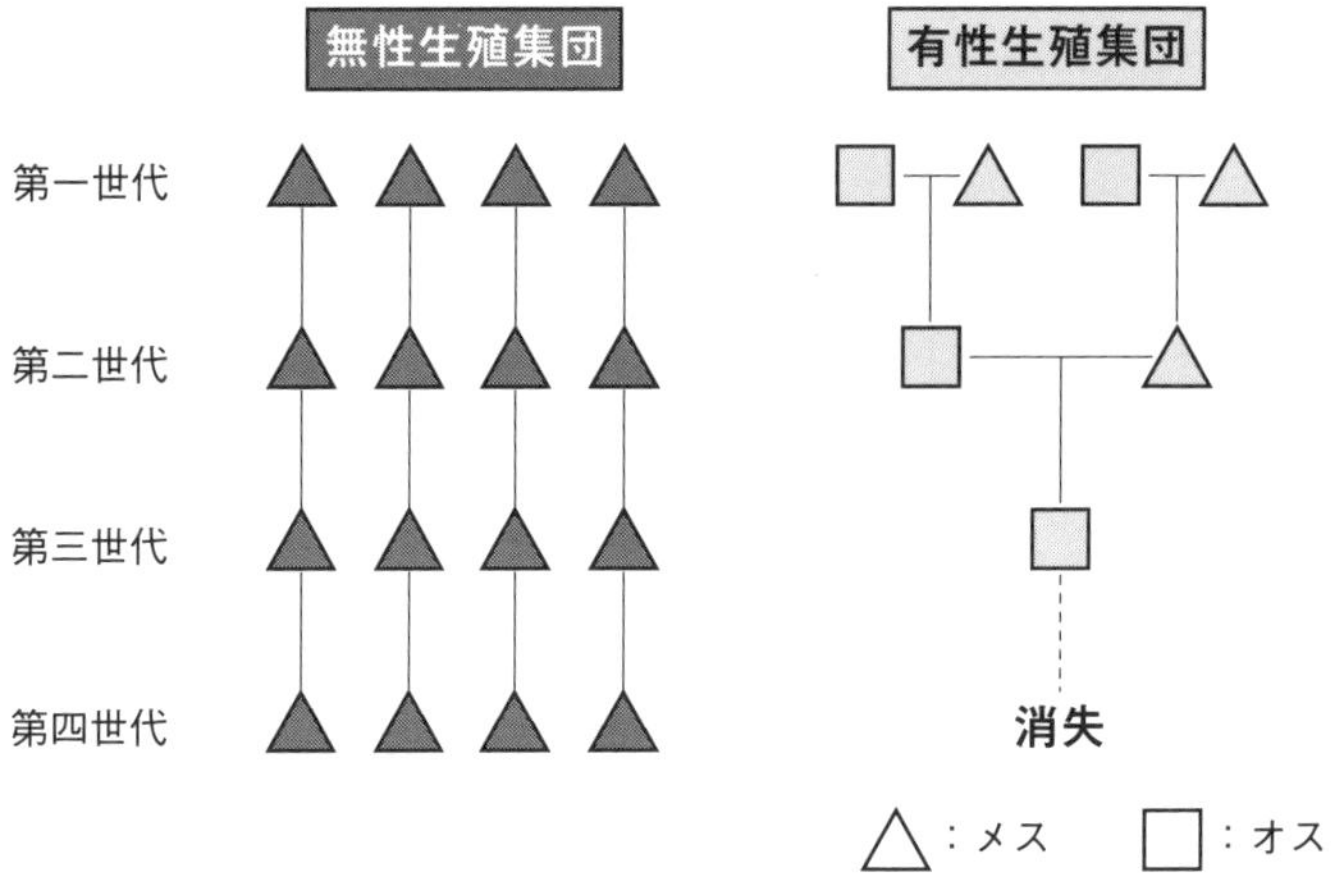

図20 ▶ 有性生殖集団は無性生殖集団に淘汰される。メスの個体が1個体の子を産むモデル

こう考えると、有性生殖集団は出現したとしても淘汰され、無性生殖集団に置き換わるはずです。にもかかわらず、多くの生き物が有性生殖を選択している事実は、〝有性生殖のパラドックス〟と呼ばれていて、現在でも生物学の大きな謎として横たわったままなのです。

遺伝子の修復――有性生殖の利点①

有性生殖には、繁殖効率という弱点を補って余りあるなんらかのメリットがあるのでしょう。これまでに、有性生殖の生物学的意義（メリット）を説明するいくつかの仮説が提示されているので、以下に代表的なものを紹介します。

ひとつの考えが〝遺伝子修復説〟です（図21A）。これは、減数分裂により遺伝情報のエラーを修復することが、有性生殖の意義だとする考えです。減数分裂は、有性生殖に欠かせな

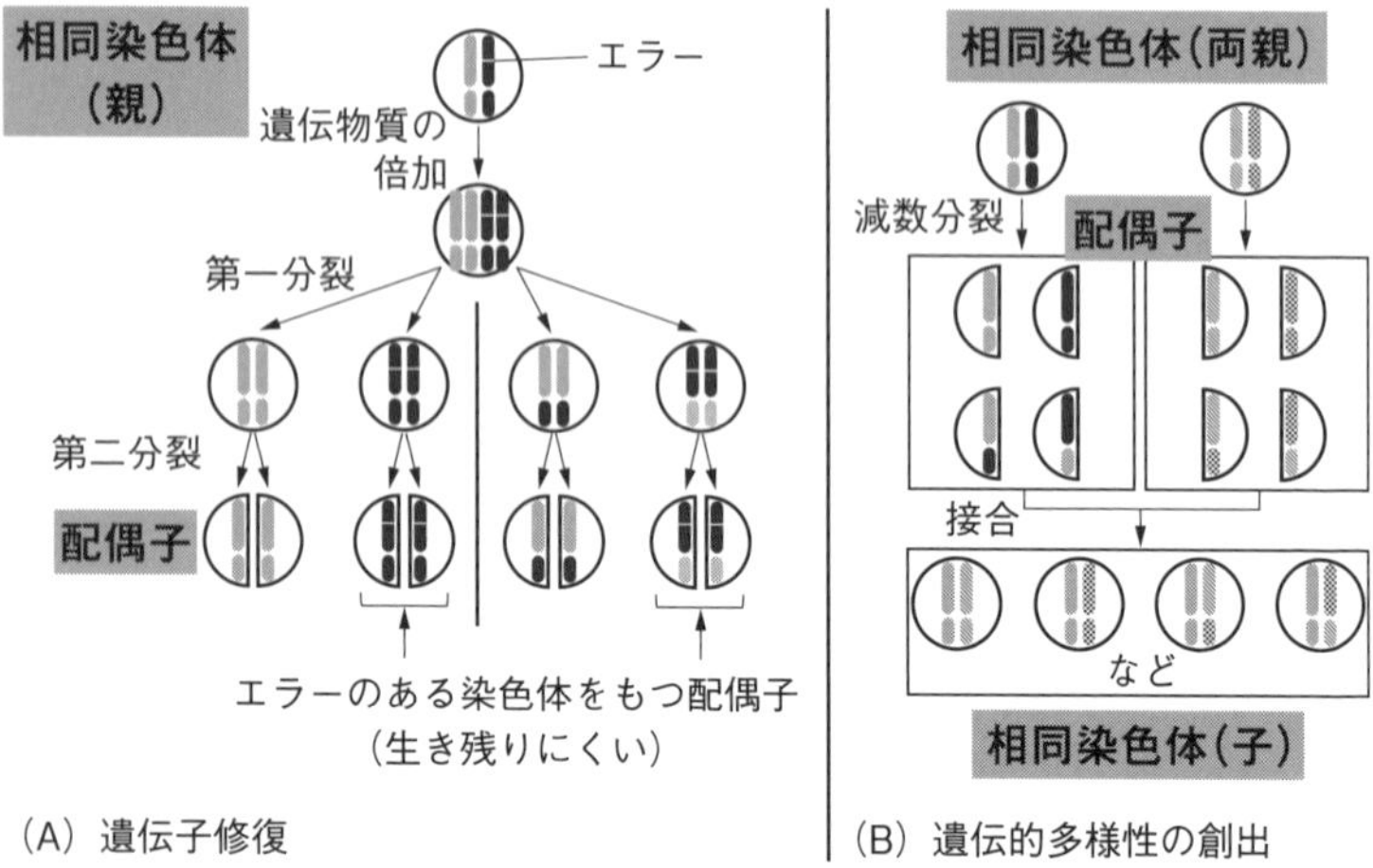

図21 ▶ 有性生殖の利点

い半数体（染色体の数が二倍体の半分になった状態）の配偶子（たとえば精子と卵細胞、花粉と胚嚢細胞など）をつくる特別な細胞分裂です。

遺伝情報のエラーが生じるのは細胞分裂の際、遺伝子を母細胞から娘細胞へ引き継ぐためにおこなわれる遺伝子のコピーの過程です。単純なコピーミスですが、生き物の設計図である遺伝子のエラーを看過することはできません。生じてしまったエラーを排除するしくみが必要です。そして、減数分裂こそがそのしくみではないかと疑われています。

細胞分裂において、相同染色体の両方で同じ位置にエラーが生じることはまずありません。つまり、仮に遺伝情報のエラーが生じたとしても、2本の相同染色体のうち1本は健全であると期待できます。健全な染色体とエラーをふくむ染色体のペアを引き継いだ娘細胞が減数分裂すると、何が起こるか考えてみましょう。

減数分裂では、2本の相同染色体が切り離され、それぞれ異なる配偶子に分配されます。つまり、健全な染色体をもつ配偶子と、エラーのある染色体をもつ配偶子がつくられます。このとき、エラーをもつ染色体を引き継いだ配偶子は、エラーがあるために生存しにくくなるはずです。配偶子ごと遺伝情報のエラーを排除することができるわけです。結果として、将来世代にエラーのある染色体（遺伝子）が伝わりにくくなります。

減数分裂では、配偶子のもとになる細胞（母細胞）が遺伝物質を倍加させた後、2回の細胞分裂が繰り返されます。その結果、母細胞のもつ染色体の半分の数の染色体をもった配偶子が4つつくられます。

しかし、動物の卵細胞や植物の胚嚢細胞では話が異なります。卵細胞や胚嚢細胞はひとつしかできません。残りの3つは減数分裂の途中で退化してしまうのです。4分の3の生殖細胞が捨てられてしまう様《さま》を、前節で紹介したリドレーは、遺伝子修復における重要な選択の過程ではないかと大胆に予想しています[85]。

遺伝的多様性の創出――有性生殖の利点②

遺伝子修復は有性生殖の利点のひとつに挙げられますが、それだけが有性生殖の狙いだとは思えません。もし遺伝子修復だけが狙いであるならば、減数分裂のみで十分なはずです。そして、その後の配偶子の接合（たとえば精子と卵の受精）にはとくに意味がないことになります。とするとたとえば、減数分裂後に同一個体内で二倍体をつくる仕組みが進化してもおかしくないはずなのに、それは一般的ではありません（ゾウリムシのように、こうした仕組み〈オートガミー〉を発達させた生物もいます）。配偶子の接合にも、何かしらの意義があるはずです。

そこで思い当たるのが、遺伝的多様性です。相同染色体のもつ情報に注目しましょう。有性生殖では、子は両方の親から1本ずつ相同染色体を受け継ぎます。したがって、子のもつ相同染色体の組み合わせは、両親のもつそれとは異なると期待できます。つまり、遺伝的に両親と異なる子が生まれるということです。相同染色体の組み合わせという意味での遺伝的多様性の創出が、有性生殖の意義だろうと察しがつきます（図21B）。

ここで注意しないといけないのは、有性生殖が〝遺伝子の新しい変異〟を生み出すわけではないことです。有性生殖で生まれるのは、あくまでも〝相同染色体の新しい組み合わせ〟です。このことに意味があるのは、両親のもつ相同染色体が遺伝的に違うから、もっというと、集団にもともと遺伝的多型が存在するからです。両親が同じ遺伝情報をもつ染色体を共有しているならば、シャッフルしても遺伝的に親と異なる子は生まれません。

トランプを例に、この理屈を考えてみましょう。2人がそれぞれ通常のトランプの山からカードを2枚とり、そのうち1枚をお互いで交換するとします。交換後のカードの組み合わせは、最初に引いたカードの組み合わせとは絶対にちがいます。トランプにスートと数字の多様性があるからです。次に、ハートのエースだけを52枚集めた特別なトランプで同じことをしたとしましょう。この場合、何度交換しても、ハートのエースのペアができます。多様性のないトランプをいくらシャッフルしても、多様性は生まれません。

有性生殖が遺伝的多様性をつくり出すのは、集団があらかじめ遺伝的多型を保持しているという前提条件を満たしている場合だけです。

近親交配でジリ貧

ようやく近親交配のリスクの説明に移れます。近親交配とは、血縁のある個体間での交配を指します。血縁者どうしは共通の祖先から受け継いだ染色体をもつので、他人どうしと比べると、遺伝的にとてもよく似ています。たとえば、親（父か母）と子の間では、半分の染色体がまったく同じです。兄弟の間でも、平均して2分の1の染色体が同一であると期待されます。

前節で、血縁関係がない者どうしの場合、臓器移植が可能なほどMHCの遺伝子型が一致する確率は、数万人に1人ほどだと紹介しました。一方、血縁者間では遺伝的にお互いよく似ているので、この確率が急上昇します。同じ両親から遺伝子を受け継いだ兄弟姉妹間では、一致する確率の期待値は25％となります。

このように、同じ染色体をもちがちな近親者の間での交配は、染色体のシャッフルの恩恵を受けにくくなります。これが、繁殖ができても〝ジリ貧〟という状況です。

ソウゲンライチョウ
（写真提供：Digital Network / PPS通信社）

集団の個体数が減少すると、やがてすべての個体が血縁者になります。こうなれば、近親交配は避けられません。近親交配では、子が生まれにくいだけでなく、生まれてくる子の生存能力や繁殖能力に問題のある場合が多くなることも知られています。一例として、アメリカ・イリノイ州に生息するソウゲンライチョウに起きたことを紹介しましょう。

その名のとおり草原を生息地とする鳥であるソウゲンライチョウは、急速に個体数を減らしたことが知られています。[91] そのおもな理由は、生息地が農地に開発されたことでした。1933年には2万5000羽で構成された集団が、1962年には2000羽に、そして1993年には50羽以下になっていました。[91] そして、この生き残り集団の遺伝的多様性は、たび重なる近親交配のために極端に減少していました。また、この集団が産む卵の孵化率を調べると、なんと50%を下回る低さでした[91]（カンザス州やネブラスカ州にある同種の大きな集団では、孵化率はほぼ100%です）。この低い孵化率が、イリノイ州のソウゲンライチョウの小集団の維持に大問題をもたらしていたのです。

低い孵化率の原因は近親交配による遺伝的多様性の低下にある、と強く疑われました。そこで、ほかの地域に住む遺伝的多様性の高い大集団からソウゲンライチョウ271羽を導入し、イリノイ州の集団の遺伝的多様性を増加させるという対応がとられました。すると、ひなの誕生する割合が高まり、個体数も大きく回復したのです。[91] この事例は、ソウゲンライチョウにとって近親交配が集団の維持に問題だったことを強く示唆しています。

近親交配の悪影響を示す証拠はほかにもあります。飼育下の哺乳類44種を調べると、41種で、近親交配により生まれた子はそうでない子よりも死亡率が高いことが明らかになったのです。[92] たくさんの野生動植物からも、同様の結果が得られています。

動植物で広く確認されているこうした現象は、〝近交弱勢〟と呼ばれています。個体数が減少し、近親交配が増えると、近交弱勢が問題となるのです。

近交弱勢はなぜ起こる？

近交弱勢には、おもに2つの成因があるといわれています。

ひとつは、前節の「マラリアと遺伝病のジレンマ」の項で紹介した超優性（ある遺伝子座で、対立遺伝子のヘテロ接合のほうがホモ接合より有利となること）と関連します。先述のとおり、近親交配の頻度が大きい集団では、同じ組み合わせの相同染色体をもつ個体の割合が大きくなります。そうした集団で生まれてくる子は、両親からまったく同じ相同染色体を引き継ぐことになりがちです。この子は当然、対立遺伝子がホモ接合になります。つまり、近親交配が進んだ集団では、ヘテロ接合が顕れにくいのです。この状況で、超優性をもつ遺伝子座に注目すると、生存に有利な形質（ヘテロ接合）が顕れにくいことになります。そして、これが近交弱勢の成因のひとつだと考えられています。

近交弱勢の成因のもうひとつの説明として提唱されたのが、〝有害突然変異説〟です。この説は、対立遺伝子の中には潜性で、生存や繁殖を不利にする有害な形質をもたらすものがあると考えます。そのような遺伝子が存在しても、顕性遺伝子のホモ接合やヘテロ接合時には、有害形質は顕れません。しかし、その潜性遺伝子がホモ接合になったとき、有害形質が顕れます。なお、有害突然変異が集団にもたらす利益など、考える必要はありません（きっと、利益はないでしょう）。

こうした有害な突然変異が偶然生じてしまい、集団内に存在しているとしましょう。前述のとおり、同一の相同染色体の間での組み合わせを生じさせやすい近親交配では、結果として対立遺伝子のホモ接合を多く発生させます。もしかするとこの中には、潜性で有害な形質をもたらすものもふくまれるかもしれません。有害突然変異説では、潜性の有害遺伝子が顕れてしまうリスクを高めるという理由で、近交弱勢を説明します。

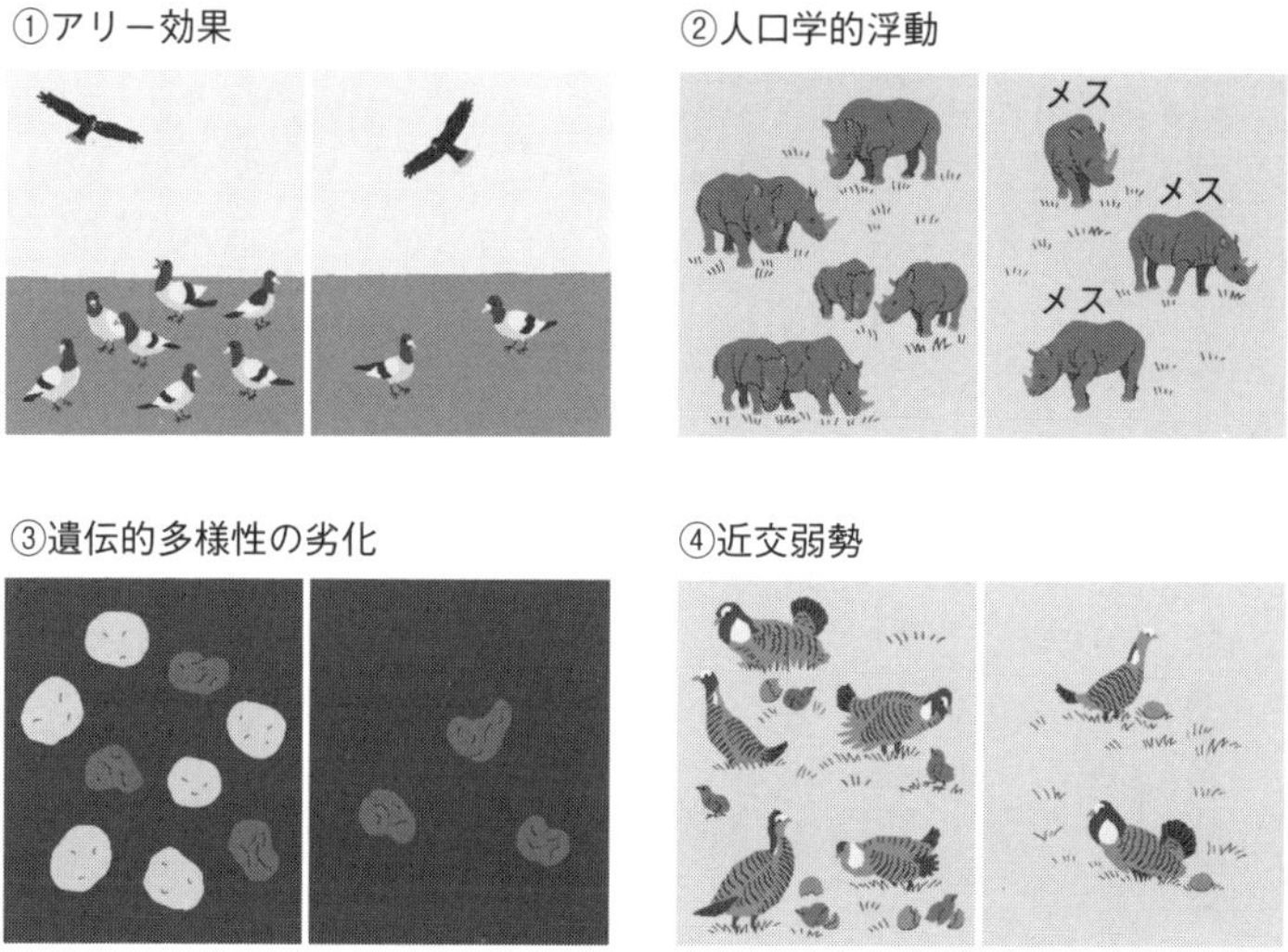

図22▶個体数が少ないせいで絶滅のリスクが高まる
①アリー効果が失われる例：集団が小さいと、捕食者への監視の目が減る。したがって、集団内の誰も気づかないまま、捕食者の接近を許す可能性が高まる。②人口学的浮動の影響が大きくなる例：集団が小さほど、すべての個体がどちらかの性に偏る可能性が高まる。③遺伝的多様多様性の劣化の例：集団の遺伝的多様性が均質化し、ひとつの感染症により集団が全滅する可能性が高まる。④近交弱勢の例：小さな集団では近親交配の頻度が増え、孵化率が極端に下がることがある。

ここで、5－2節以降の内容をまとめてみましょう（図22）。種の個体数が少ないと、①アリー効果が失われることにより、②人口学的浮動により、③遺伝的多様性の劣化が耐病性を低下させることにより、そして、④近親交配が近交弱勢を引き起こすことにより、絶滅のリスクが上昇してしまいます。ここから学べるもっとも大切な教訓は、「最善の生物多様性保全策は、個体数の少ない種をつくらないこと」でしょう。

5-6

よそから連れてくればいい？——再導入のジレンマ

地域的な絶滅を起こした種をその地域で復活させるため、〝再導入〟という措置をとることがあります。これは、別地域にいる同種の個体を捕獲し、絶滅してしまった地域に放獣・放鳥する活動です。再導入を実施する際には、ＩＵＣＮにより策定されたガイドライン[93]に従うことになっています。海外ではクロアシイタチやオオカミ、ヤマネコ、コンドルなどで実施され、国内ではトキやコウノトリの野生復帰事業が、私達になじみ深い再導入事例です。

再導入は大きな悩みを伴います。放獣・放鳥する個体の確保や、実施までの飼育、それらを放つ場所の選定・確保など、想像を絶する努力が必要なうえに、必ず成功するわけではないのです。つまり、野外に放った個体が定着しないことがあります。むしろ、成功は難しいといったほうがいいかもしれません。過去に実施された再導入の結果を精査した研究は、145の再導入のうち、成功したのはわずか11%のみという、しぶい数値を示しています。[94]

再導入の成功を阻む要因は何でしょうか？ たぶんそれは種ごとに、そして再導入した場所ごとに異なるでしょう。たとえば、放った個体が野外での生活に慣れなかったとか、放たれた地での生活が過酷だったなどの理由が考えられます。

加えて、野に放つ個体数の少なさに失敗の原因を求めることもできます。少数の個体の再導入が失敗に終わることをほのめかすのが、北米でのオオツノヒツジの研究です。ちなみに、この和名の由来はオスの成獣が発達させる立派な角で、その重さは14kgにもなります。

オオツノヒツジ
（写真提供：Digital Network / PPS通信社）

オオツノヒツジは地域的に分断された小集団で生息しています。研究対象となったのは、カリフォルニア州、コロラド州、ネバダ州、ニューメキシコ州、テキサス州において、70年以上にわたって観察されてきたオオツノヒツジの122集団です。観察開始時点の個体数を基準として、各集団が観察期間中の（地域的な）絶滅を免れ、存続できた

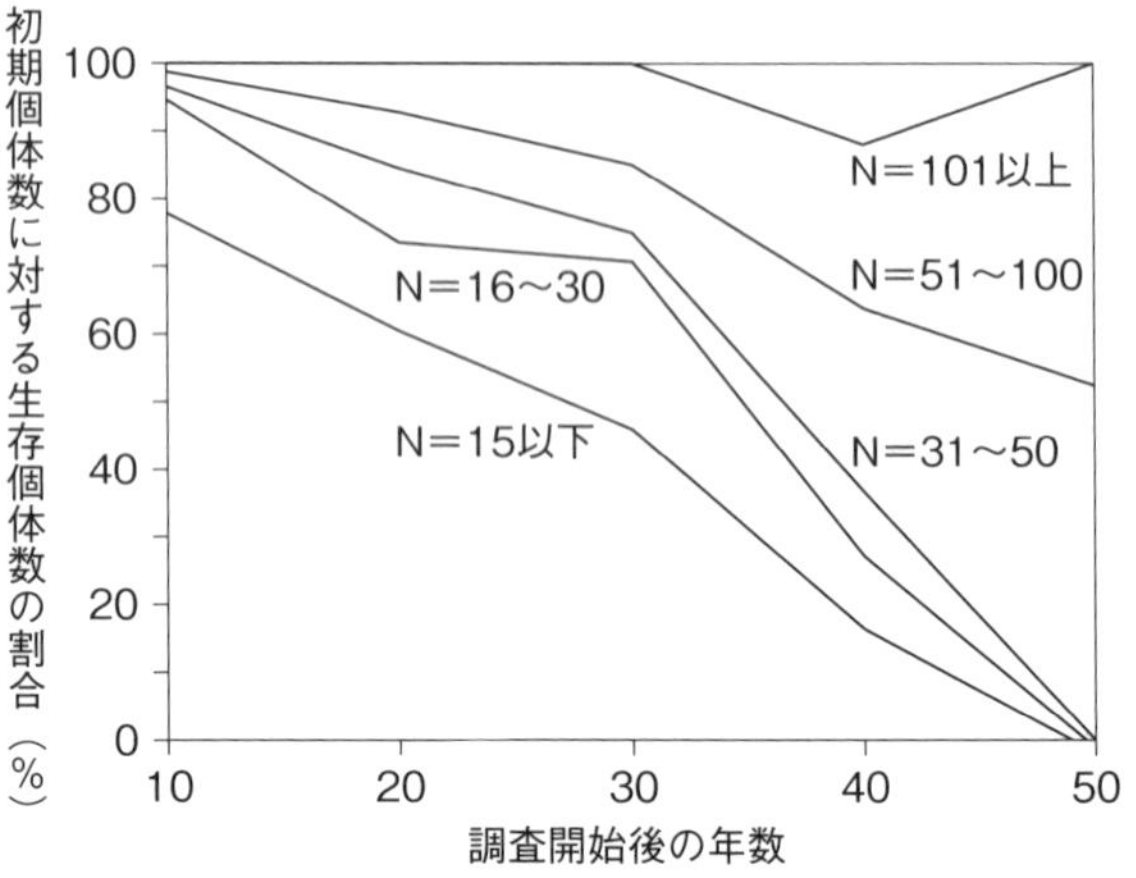

図23▶集団の大きさと持続性の関係[95]

かどうかが調べられました[95]。

結果は明白でした（図23）。観察開始時点で個体数が１００頭を超えていた集団では絶滅が起こらなかった一方、それが１００頭より少ないと絶滅する集団が現れはじめました。とくに、50頭より少なかった集団はすべて50年以内に絶滅してしまいました。つまり、個体数の小さい集団は、長期的に存続することができなかったのです。この研究から学べるのは、放獣する個体数が少ないと、再導入は失敗しやすいということです。

それまでに実施された再導入の成否を評価したドイツの景観生態学者、イェルン・フィッシャーらも、放たれる個体数が再導入の成否を分けると考えています[96]。彼らのデータは、再導入時に放たれる個体数が１００以下の場合は定着率が20％ほどにとどまる一方、１００個体を超える再導入では定着率が50％を超えたことを示しています。

再導入では、野外に放つ個体の多さが成功のカギを握ることがわかりました。「それならば、たくさん放せばいいじゃないか」と思われるかもしれません。しかし、それほど単純ではありません。再導入の対象になるのは、絶滅が危惧される動物ですから、他地域の集団も個体数をかなり減らしている場合が多いのです。そんな状況では、十分な数の放獣・放鳥個体を確保するのが困難を極めることは、容易に想像できます。

再導入する個体が少ないと、放獣・放鳥個体の定着は難しい。かといって、十分な数の個体の確保も難しい。再導入はこうしたジレンマを抱えているのです。

5-7

平等な個体数減少——その影響は不平等

本章の解説で、個体数を減少させてしまった種は、それが原因で絶滅しやすくなることをご理解いただけたと思います。ここで、個体数の観点から、サノスによる命の半減（序-3節および第2章参照）の影響を考察してみましょう。ここでも2-2節と同様に、サノスの指パッチンの効果はヒトに限定されず、すべての種に対して命の半減の効果があるものとします。

本章の議論から、サノスがあらゆる種の個体数を平等に半減させたとしても、その影響は種間で平等にはならないことが強く想像されます。きっと、もともと個体数が少ない種ほど強い影響を受けてしまうでしょう。そうすると、たとえば多くの絶滅危惧種は個体数が少ないので、強く影響を受けてしまうはずです。

この予想から、絶滅危惧種は命の半減を免除したくなりますが、サノスがそうすることはないでしょう。いっさいの事情を考慮せず、ただランダムに命を半減させることが彼の信念ですから。

結果として、絶滅危惧種は加速度的に個体数を減らすでしょう。命の半減により、群れが小さくなり、狩りの効率や、天敵の襲撃を監視する力を落とす種が現れるかもしれません。命の半減により、個体密度が低下して、一生異性にめぐり会えない動物個体が現れるかもしれません。命の半減により、メス（もしくはオス）しか生き残らない種が現れるかもしれません。命の半減により、遺伝的多様性が減少し、感染症に対する耐性を激減させる種が現れるかもしれません……。

命の半減が、環境に強い負荷をかけているヒトには限定的な影響しかおよぼさないのに（第1章や第2章）、絶滅危惧種には効果てきめんというのは、何とも皮肉なものです。サノスには、環境の保全という狙いがあったはずです。生き残った者への〝慈悲〟があったはずです。しかし、こうした結果を引き起こすだろう命の半減は、支離滅裂といわざるをえません。サノスは生態学を学んだうえで、自分がやろうとしていることの意味をもう一度しっかりと考え直すべきです。

第6章 ラッコが消えれば海も死ぬ

——生物多様性が減少すると生態系はどうなるのか？

本章で考えるのは、生態系のバランスです。生態系は、多くの種がお互いに影響をおよぼし合いながら、動的なバランスを保っています。そんな生態系で一部の種の絶滅が起こると、それまで保たれていた絶妙なバランスが崩れてしまわないのでしょうか？　もしバランスが崩れると、何が起こるのでしょうか？　本章では、こうした疑問を考えます。

生態系での生物と生物の間のつながりは極度に複雑です。それに対して生態学の知識は未熟で、種の絶滅が生態系に与える影響をこと細かく予見することは、不可能に思えるほど困難です。たとえば、日本からツキノワグマが、タヌキが、キツネが絶滅したら何が起こるのか、確信をもって語ることは不可能です。

ただし、起こりえる事態を予想するくらいならば可能です。もしかすると、一種の絶滅を皮切りに、絶滅の連鎖反応がはじまり、最終的に多くの種を絶滅させてしまうかもしれません。あるいは、たった一種の絶滅により、たちまち生態系が崩壊するかもしれません。案外、その種の絶滅以外には、何も起こらないかもしれません。

この章では、ある種が絶滅した後に起こりえるシナリオを、実際のケースや理論をもとに考察していきます。

6-1

だれも一人では生きられない——つながり合う命

5-1節で生態系を、「すべての生物と非生物的環境がおりなすシステム」と紹介しました。本節では、生態系の必須構成要素である〝生物〟に注目し、生物間のつながりを考察します。生態系にいるどの生物も、単独で生きているわけではありません。生物個体は、同種・別種のほかの個体と影響をおよぼし合いながら生活しています。その関係は生き物どうしの〝つながり〟といってもよいでしょう。では、そのつながりにはどのようなものがあるでしょうか？

厳密には、生物どうしのつながり方は、生物の組み合わせの数だけあるでしょう。ただ、そういってしまうと考察が難しいので、厳密さを犠牲にして大ざっぱに分類してみます。生態学者は、生物どうしのつながりの見通しをよくするため、いくつかの視点を提案してきました。ここではそのうち、①生産者-分解者、②食う-食われる、そして③利用し合うの3つを紹介します。これらの視点から眺めると、生物どうしの複雑なつながりが驚くほどすっきりと整理されます。

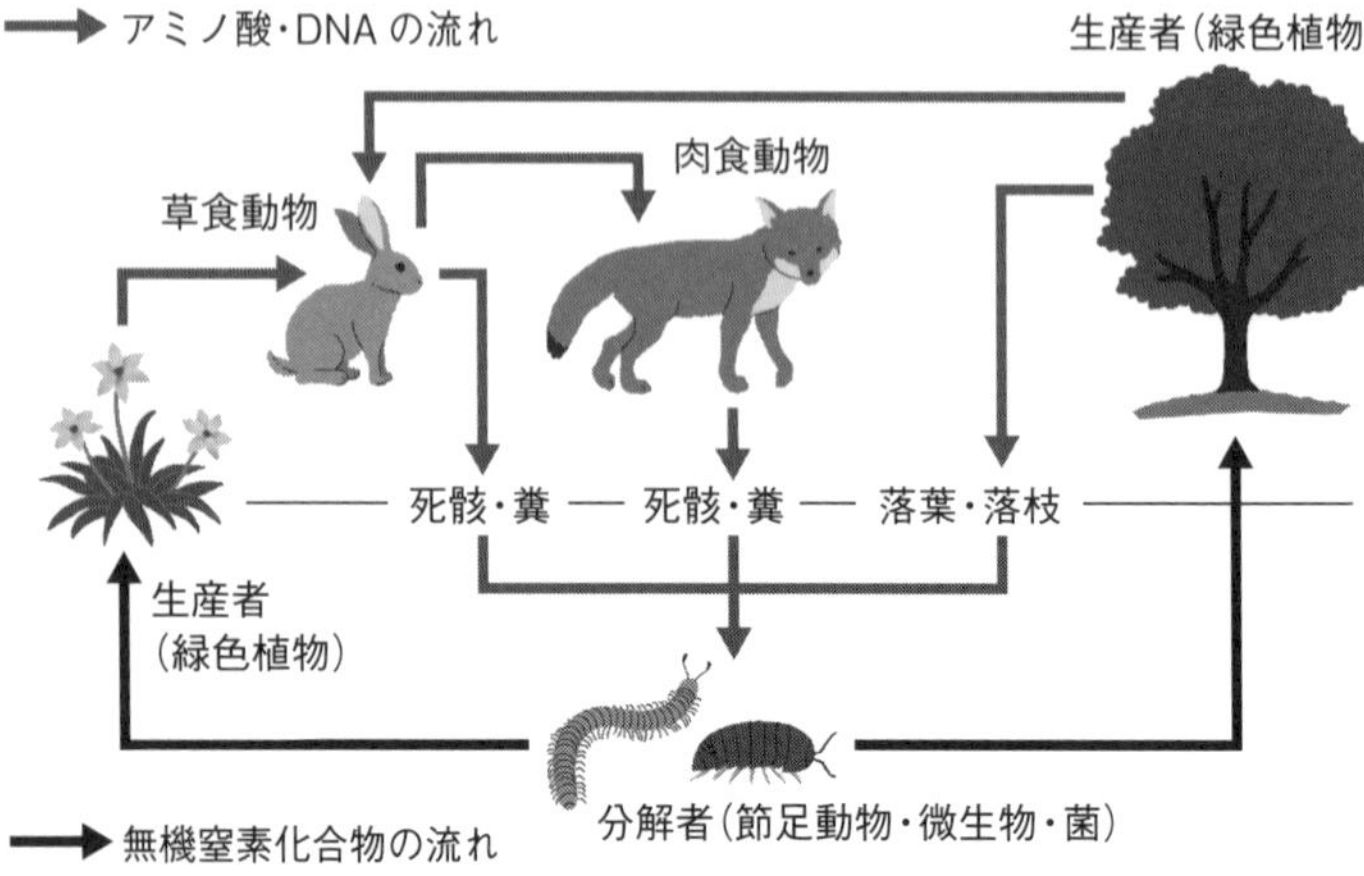

図24 ▶ 生態系内の窒素循環

生産者－分解者のつながり

生産者－分解者の視点は、物質循環に注目します。生態系の中では、物質（元素）が姿を変えながら循環しています。その動きを追跡することで、生物たち（と環境）がつながり、影響し合っていることがわかるのです。

一例として、生態系内でさまざまな生物に利用されながら循環する、窒素という元素（元素記号はN）について考えましょう（図24）。動植物の生育に欠かせない窒素は、アミノ酸やDNAの主要な構成元素です。

土壌中には無機窒素化合物がふくまれますが、これを植物は根から吸収し、体内でアミノ酸の合成に使います。植物体内で合成されたアミノ酸は、植物が食われることで動物に取り込まれます。こうして、植物を介して動物へ窒素が引き渡されるのです。動植物の体内に蓄積されたアミノ酸は、やがて排泄物や死骸として環境中に供給されます。それはおもに土壌中の微生物や菌、小動物（トビムシなどの節足動物）により無機窒素化合物まで分解されます。そして、土に還った無機窒素化合物は再び植物に吸収され、アミノ酸合成に利用されます。

この窒素の循環のスタートとなる、無機窒素化合物からのアミノ酸の合成が、〝生産者〟の役割です。より具体的にいうと、生産者である緑色植物は光合成をおこなうことで、無機物から糖やでんぷんなどの有機物を生み出します。さらに、根から吸い上げた無機窒素化合物を使って、アミノ酸をつくります。これら緑色植物の合成する物質が、生態系内の緑色植物以外のすべての生物（細菌や菌、動物）の活動を支えているのです。

この意味で、生態系の生産者以外の生き物の活動は、生産者に完全に依存しています。しかし、生産者も、それ以外の生物がいなければ生きていけません。というのも、生産者は有機物の分解によりつくられる無機物を利用しており、有機物の無機化は、生産者以

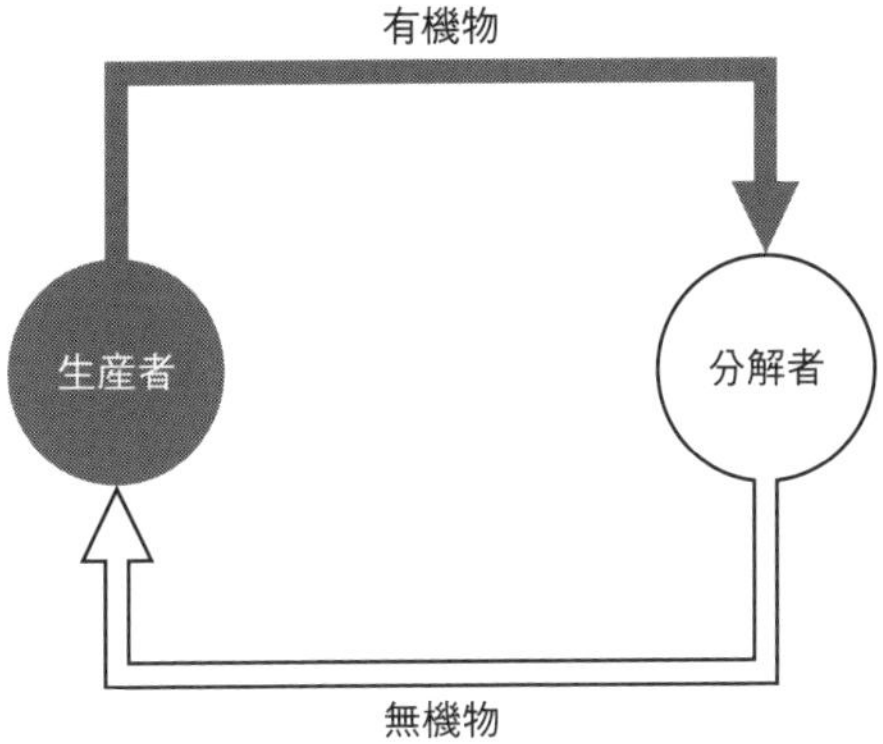

図25 ▶生産者と分解者のつながり

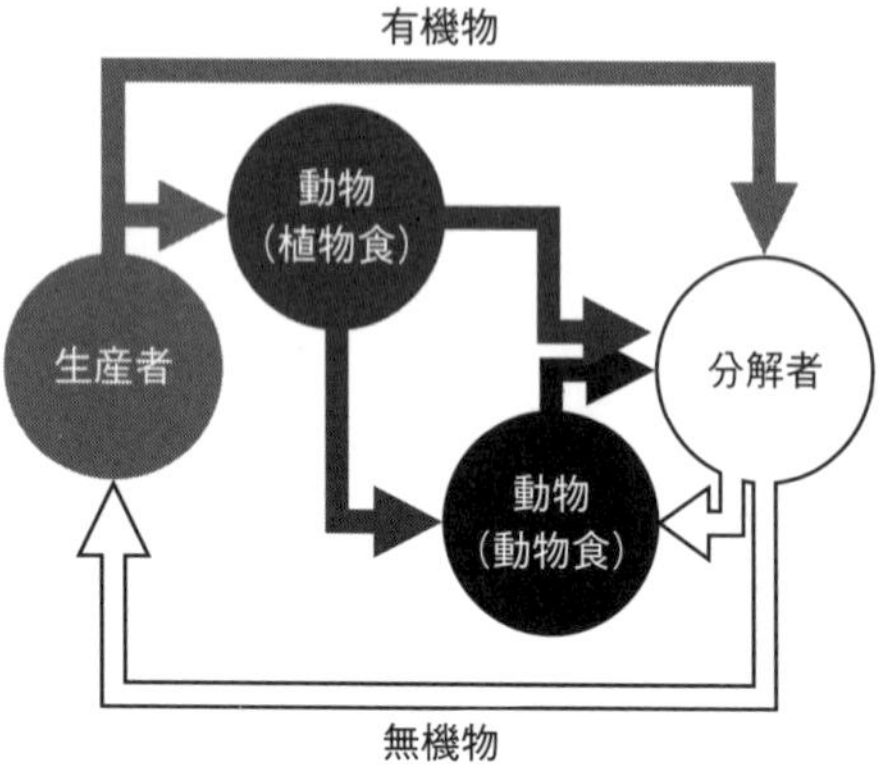

図26▶食う ― 食われるのつながり

外の生物が担っているからです。

土壌中の微生物や菌、小動物は、植物・動物の死骸や糞を餌に活動していて、この過程で有機物は、生産者が利用可能な無機物まで分解されます。物質循環における役割から、有機物の無機化を担う生物たちは〝分解者〟と呼ばれています。

生産者と分解者はもちつもたれつの関係にあるのです（図25）。

食う－食われるのつながり

生態系は、生産者が有機物を生産し、分解者がそれを分解（無機化）するだけの単純な系ではありません。植物を食べる動物もいれば、その動物を食べる動物もいます。分解者も、動物のごちそうになってしまうことがあります。〝食う－食われる〟も生物のつながりの一形態で、生物のつながりの多様化にひと役買っているのです（図26）。

〝食う－食われる〟のつながりは文字どおり、ある個体が別の個体に食べられてしまうという関係で、理解しやすいでしょう。個体レベルの食う－食われるのつながりは、食われる個体が食う個体に一方的に利用される関係です。

食う－食われるのつながりを種レベルで見ると、食われる種がいつも一方的に食われているとは限りません。ときには関係が逆転するのです。具体例として、3－4節で登場した外来生物のオオクチバスと、やはり北米原産の外来生物であるブルーギルとの関係を紹介します。

日本では、オオクチバスとブルーギルは同一の止水域でよく共存しています。この両者の間には、食う－食われるのつながりがありますが、単純ではありません。オオクチバスの大きな個体は体長が50 cmを超えるまで成長しますが、ブルーギルの体長が20 cmを超えることはめったにありません。成魚どうしの関係性は固定的で、体の大きさに勝るオオクチバスがブルーギルを捕食します。つまり、オオクチバス（成魚）が食う者、ブルーギル（成魚）が食われる者です。

しかし、オオクチバスの稚魚や卵の時代までふくめて考えると、様子が異なります。稚魚や卵は、ブルーギルの成魚に食われているのです。つまり、関係が逆転して、ブルーギル（成魚）が食う者、オオクチバス（稚魚や卵）が食われる者になる場合があるのです。

〝食う－食われる〟の関係は一見単純ですが、食う種と食われる種が成長段階で入れ替わることもあり、じつは複雑です。

食う者と食われる者はお互いに強く影響し合います。食われる者がいなければ、食う者は飢えて死んでしまいます。また、食う者がいなければ、食われる者の個体数が増加しすぎて、生態系に悪影響を与えることがあります。こうした影響の具体例として、6－4節ではラッコにまつわる事例を紹介します。

利用し合うつながり

次に、〝利用〟という視点で生き物どうしのつながりを見ていきます。じつは、前項で取り上げた〝食う〟は利用の一形態です。生物界では、〝食う〟のほかにもさまざまな利用の形態が見られます。

〝食う－食われる〟のつながりにある個体どうしでは、食われる個体が食う個体に一方的に利用されます。しかし、多様な生物どうしのつながりの中には、双方向の〝利用する－利用される〟関係があります。お互いに〝利用し合う〟関係です。送粉昆虫と虫媒花の関係がまさにそうです。

虫媒花は、送粉昆虫に花粉を運んでもらわなければ受粉ができず、次世代をつくる種子をつくれません。植物は昆虫を送粉に利用していますが、一方的に利用するだけではありませんし、昆虫も無償で送粉を手伝っているわけではありません。昆虫は餌となる花粉や蜜を求めて花を訪れるのです。こうして、お互いに相手を利用し合う、ウィン・ウィンの関係が形成されています。

利用し合うつながりの具体例を紹介しましょう。

インド洋に浮かぶマダガスカル島には、アングレカム・セスキペダレというランが分布しています。その特徴は何といっても、30cmにもなる細長い距《きょ》（花びらの一部が袋状にくぼみ、内部に蜜腺を

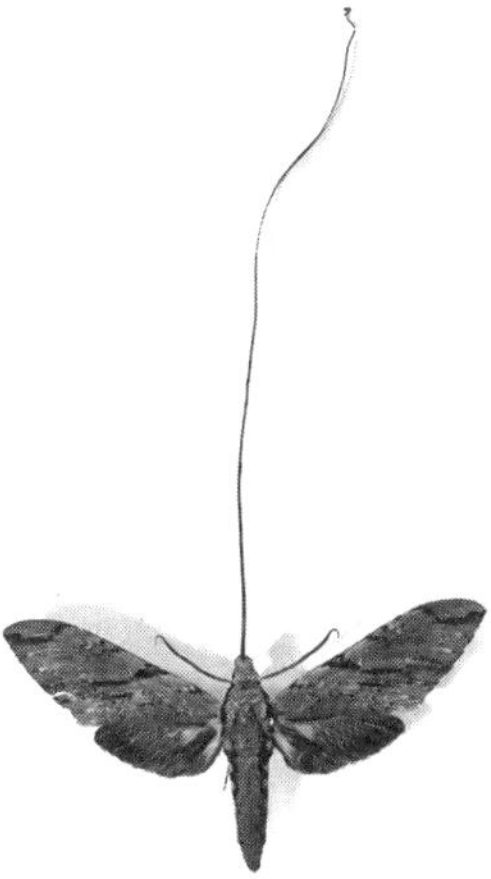

キサントパンスズメガ
（Esculapioによる）

アングレカム・セスキペダレ
（写真提供：SPL / PPS通信社）

もつ構造）です。距の底には、蜜腺から分泌された甘い蜜が溜まっています。アングレカム・セスキペダレの花には、蜜を求めて昆虫が訪れます。そして、吸蜜中に昆虫の体に花粉が付着し、その昆虫が別個体の花に訪れることで、受粉が成立します。まさに利用し合う関係です。

さて、このようにさらっと説明すると、よくある植物と送粉昆虫の関係に見えますが、注意深く読むと、この話の不思議に気づくはずです。

蜜が溜まるのは距の底ですが、アングレカム・セスキペダレの距の長さを考えると、蜜を吸うのはかなり難しそうです。なにしろ、30cmもの細長い管に入っていかなければなりません。昆虫たちはどうやってこの花の蜜にありついているのでしょうか？

答えは単純なところにありました。マダガスカル島には、口吻の長さが28cmにもなるキサントパンスズメガというガが生息しており、このガがアングレカム・セスキペダレの送粉者なのです。キサントパンスズメガは長い口吻を距に突っ込み、吸蜜します。

アングレカム・セスキペダレの長い距も、それに対応するキサントパンスズメガの長い口吻も、彼らの生存と繁殖にとって重要な意味をもちます。

アングレカム・セスキペダレにとってキサントパンスズメガは、信頼のおける送粉者です。キサントパンスズメガは自分の長い口吻を持て余すため、ほかの距の短い花からはうまく吸蜜できません。彼らが生き残るためには、アングレカム・セスキペダレに訪花するしかないのです。この性質から、キサントパンスズメガはアングレカム・セスキペダレにとって、自分の花粉を確実に同じ種の別個体へ運んでくれる優秀な送粉者といえます。

キサントパンスズメガにとっても、アングレカム・セスキペダレの長い距は重要な意味をもちます。この島では、アングレカム・セスキペダレの蜜にありつけるのはキサントパンスズメガだけです。これほど長い口吻をもつ昆虫はほかにはいないからです。つまり、ほかの昆虫と競争することなく、排他的にアングレカム・セスキペダレの蜜を独占できるのです。

以上は、アングレカム・セスキペダレとキサントパンスズメガのみごとな〝利用し合う〟関係です。しかし、一対一の関係をここまで強化してしまうと、両種は一蓮托生です。世代を重ねてゆくためには、もう一方の存在が絶対に必要だからです。マダガスカル島に両種が共存している間は問題ありませんが、もしなんらかの理由でどちらかが絶滅してしまえば、もう一方も遠からず同じ運命をたどることになるでしょう。

昆虫とヒトはつながっている？

ここまで生物どうしのつながりを、3つの視点から概観してきました。これらを典型として、生態系を構成する生物たちはみな、なんらかの形で直接的、もしくは間接的につながっています。こうした生物どうしのつながりの結果、生態系の絶妙なバランスが成立しているのです。

しかし、「生態系の生物たちはすべて、なんらかの形でつながっている」なんて、本当でしょうか。たとえば、ヒトと昆虫の間につながりはあるでしょうか。私は日常の暮らしの中で、昆虫にお世話になった記憶はありません。それどころか、自宅で昆虫と遭遇したときなど、「不届きな侵入者め！」と敵視してしまいがちです。できるだけつながりたくない、というのが本音です。

昆虫生態学を専門としたエドワード・ウィルソン（5-1節参照）は、この考えを完全に否定しています。彼によると、じつは、私たちの生活は昆虫の活動の上に成り立っているといっても過言ではないほど、昆虫に依存しているのです。くわしく説明しましょう。

私たちが口にする食糧の多くは、植物の果実や種子です。葉菜類や根菜類もふつう、播種して育てます。植物が果実や種子をつくるうえで、昆虫が送粉者として重要な役割を演じているのでしたね。この意味で、昆虫の働きがなければ、ヒトは十分な食糧を確保することができなくなります。ちなみに、IPBES（第2章参照）の試算によると、送粉動物（おもに昆虫です）がもつ経済効果は、世界中で年間80兆円に上ります。[97]
昆虫の分解者としての役割も見過ごせません。前述のように、分解者による有機物の無機化が滞れば、生産者への養分の供給が止まり、物質生産（光合成による有機物の生産のこと）が停止します。こうなれば、植物の物質生産に命を預けている私たちは、完全にお手上げです。
ウィルソンはこうした考察から、もし世界中から昆虫が一匹残らずいなくなってしまったら、ヒトは数ヵ月のうちに絶滅するだろうと予言しています。[98]
ヒトの命を昆虫が握っていることを理解していただけたと思います。昆虫だけではありません。ほかのすべての生物たちとヒトは、遠かれ近かれ、なんらかの関係をもっているのです。

ヒトと昆虫、どっちが重い？

昆虫のバイオマス（生物の量を質量で示したもの。第2章参照）について考えてみましょう。

突然ですが、クイズです。

第1問。生物の5つの界、つまり、植物、動物、菌（キノコなど）、原生生物、原核生物のうち、バイオマスがいちばん小さいのはどれでしょうか？

第2問。ヒトと昆虫ではどちらのバイオマスが大きいでしょうか?

クイズの第2問の答えは、個人的にもとても気になります。というのも、私は子どものころ、虫捕りをしながら、「人間と昆虫はどちらが重いんだろう?」と疑問に思っていたからです。もちろん、個体どうし(たとえば、私とカブトムシ)を比較したかったのではありません。「虫は小さいけど、たくさんいる。人間は大きいけど、昆虫ほど多くはない。昆虫と人間を全部集めて、重さを比べたら、どっちが重いんだろう?」と、もの思いにふけっていたのです。

クイズの答えは、2-2節で紹介したバーオンらの研究の中にあります[21](図6)。

バイオマスがダントツで大きいのは、もちろん植物です。一本の木でもバイオマスが数トンを超えます。それが集まって生えているのが森林で、森林は地球上の広大な面積を覆っています。地球全体で見れば植物のバイオマスが途方もない大きさになるのは、想像に難くありません。

意外なのは、菌や微生物のバイオマスです。土壌中に大量に存在する彼らは、一個体は顕微鏡レベルの小ささですが、集めると動物よりもずっと大きくなります。取るに足らないように見える菌や微生物が、私たち動物の数倍から数十倍も大きなバイオマスをもつなんて、直感を裏切る数字ですね。

さて、先ほどのクイズ第1問の答えを確認しましょう。バイオマスのいちばん小さい界はなんと、〝動物〟でした。

第2問を検討するため、動物界のバイオマスの内訳をさらにくわしく見てみましょう。僅差ですが、昆虫をふくむ節足動物のバイオマス（1・0 GtC）が、ヒトをふくむ脊椎動物（0・87 GtC）を上回っています。この結果は、昆虫のほうがヒトよりバイオマスが大きいことをほのめかしています。しかし、これは脊椎動物と節足動物の比較にすぎません。本当に知りたいのは、昆虫とヒトのバイオマスの大小関係です。節足動物には昆虫以外の生き物（たとえばプランクトン）も大量にふくまれますから、節足動物のバイオマス（1・0 GtC）のうちどれだけが昆虫に占められているのか、少し慎重に考えたほうがいいでしょう。脊椎動物にも同様の注意が必要です。ではは思い切って、ヒトと昆虫のバイオマスの比較にまで踏み込みましょう。

2－2節の議論を思い出してください。ヒトのバイオマスは0・06 GtCでしたね。これと比べて昆虫のバイオマスは大きいのでしょうか？　残念ながら、バーオンらの研究は、昆虫のみのバイオマスの推定はしていません。推定の難しさがその理由です。ただし、彼らはシロアリのバイオマス推定には取り組み、いくつかの仮定をおくことで、もっともらしい値を見積もることができたのです。そしてバーオンらは、シロアリだけでも0・07 GtCのバイオマスをもつだろう、という推定を示しています。シロアリのバイオマスがヒトより大きいわけですから、当然昆虫のほうがヒトより大きなバイオマスをもつと結論できます。

昆虫が減っている！

地球にはこのように、莫大な量の昆虫が存在しました。過去形にしたのは、昆虫の減少が急速に進行しているからです。最近、世界中から昆虫の減少が報告されています。一例として、オランダのロエル・ファン・クリンクらが『サイエンス』誌に発表した研究を紹介しましょう。

彼らは、世界の1676地点で10年以上続けられている、昆虫のモニタリングのデータをまとめました[99]。昆虫が豊富に生息する熱帯雨林の研究があまりふくまれていない点が気がかりですが、結果は、年間0・9%もの速さで昆虫のバイオマスが減少していることを示しました。

年間0・9%という数字は、ほかの同様の研究に比べるとかなり控えめですが（年間の減少率が3〜6%という研究例もあります）[100]、それでも驚異的な速度であるという結論は変わりません。近年、日本人の人口減少が問題視されていますが、その減少率は年間でわずか0・2%ほどです。

昆虫のバイオマスの減少をもたらしている犯人の正体は何か、証拠探しと推理が続けられています。人間活動が昆虫減少の根底にあるのでしょうが、その具体的な中身が生息地の破壊なのか、それとも気候変動なのか、はたまた農薬の使用や都市化とそれに伴う光害なのか、研究者の間で意見が分かれているのです。容疑者が多すぎて絞り込めていないという状況ですが、やがて真犯人が見つかることでしょう――共犯関係もありそうです。

前項で考察したように、ヒトとあまり関係ないように見える昆虫は、ヒトの生活を基盤から支えています。このまま減少し続けると、ヒトにとっても真っ暗な未来予想図しか描けません。

6-2

生物多様性は高いほどよい？——生態学者の予想

前節では、生態系に出現する種は、ほかの種とつながりながら、系としてまとまった振る舞いを見せることを示しました。本節では、生態系の生物多様性と生態系の機能の関係について考えます。生物多様性が上昇すると（生物間のつながりが複雑化・多様化すると）、生態系の機能もアップグレードされるのでしょうか？　それとも、種がたくさん現れる生態系も、少ししか出現しない生態系も、機能的には大差ないのでしょうか？

自然がもたらすもの——生態系の機能とは

議論を先に進めるためには、〝生態系の機能〟が何を指すのか明らかにしておく必要があります。それを直感的に理解するのに役立つ、〝自然がもたらすもの〟という概念を紹介しましょう。

前節では昆虫を例に、ヒトの生活が生態系（自然）に支えられていることを示しました。こうした、ヒトが自然から受けている恩恵を、日本では古くから〝自然の恵み〟とか〝生き物の恵み〟と呼んできました。国際的には、〝生態系サービス〟という言葉で表されることが多かったようです。この言葉が使われはじめたのは、2001年から5年をかけて国連主導でおこなわれたミレニアム生態系評価の成果でした。[101]

しかし、〝生態系サービス〟は違和感を残す言葉でもありました。この言葉を構成する〝サービス〟は、もともと経済学の用語で、市場で売買されうる無形物を指し、それ以上でも以下でもありませんでした（ただし、生態系サービスには、食糧や木材、薬などの有形物もふくまれます）。しかし、この言葉が人びとに混乱をもたらしてしまったのです。

日常生活で用いられる〝サービス〟という言葉の意味を考えてみましょう。この場合、仕える者と主人との関係の中で、「水を汲む」とか「食事を運ぶ」などの、前者が後者に対しておこなうさまざまな仕事を指します。そのため〝生態系サービス〟という言葉は、生態系（自然）とヒトの間の主従関係と、「自然はヒトに仕える者（サーバント）である」というイメージを、暗にほのめかす結果となったのです。しかし当たり前ですが、自然はヒトに仕える存在ではありません。〝生態系サービス〟という言葉を使うことで、人びとが自然に対して人間中心の誤った認識を抱いてしまいかねません。

この状況を受けて、IPBESから新しい言葉が提案されました。[102] 〝自然がもたらすもの（Nature's contributions to people）〟という言葉です。これを用いれば、「自然はヒトに奉仕するものだ」と誤解することはありません。加えて、自然がヒトにもたらす禍いもふくめることができます。たとえば、自然は土砂災害などを巻き起こし、人間社会に牙をむくこともあります。こうした悪影響も、この言葉にはふくまれるのです。

本書ではＩＰＢＥＳに倣い、自然がヒトに与える恩恵や禍いを〝自然がもたらすもの〟という言葉で代表させることにします。

〝自然がもたらすもの〟の正体

〝自然がもたらすもの〟にはさまざまなものがふくまれますが、具体例のひとつとして〝気候の調整〟を紹介します。じつは、自然が存在するだけで、地球温暖化が緩和されているのです。

その理由は、自然の中には莫大な量の有機物が保持されていることにあります。たとえば森林生態系を考えてみましょう。森林生態系――植物体内や土壌中――には、途方もない量の有機物が蓄積されています。そして、有機物は炭素のかたまりです。

森林火災や土地開発により森林生態系が失われれば、そこに蓄積されていた有機物中の炭素は大気中に放出されます。有機物が大気中に放出されるとき、その炭素は酸化され二酸化炭素となります。大気中の二酸化炭素は温室効果を有し、地球温暖化を進める存在です。ですから、大量の炭素を貯留する森林生態系は地球温暖化の抑止に貢献しているのです。ちなみに、陸上生態系に隔離された炭素を〝グリーンカーボン〟といいます。

ある試算によれば、日本の森林だけでも、有機物の量は炭素換算で3GtCもあります。[103] 一方、環

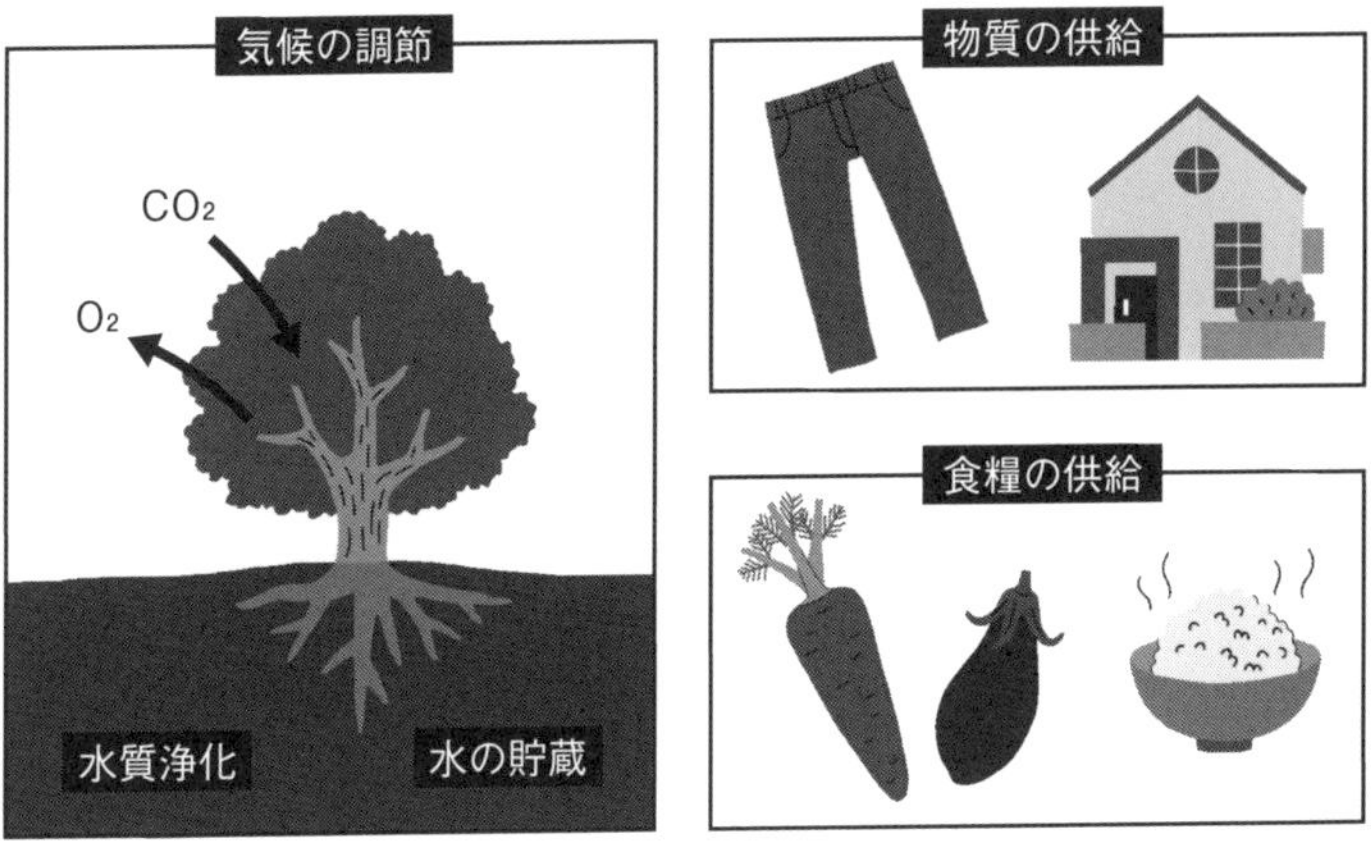

図27 ▶ 自然がもたらすもの

境省が推定した、2020年に日本国内で排出された温室効果ガスの量は、炭素換算で0・3GtC程度です。両者を比べれば、森林生態系に蓄えられた有機物の量の大きさがわかるでしょう。

気候の調整以外の〝自然がもたらすもの〟として、たとえば人間社会への物質の供給が挙げられます。すなわち、食糧や衣料品、建築資材などの原材料の供給です。ほかにもさまざまな〝自然がもたらすもの〟がありますが、ここでは〝気候の調整〟と〝物質の供給〟の2つに絞って考察を進めます。

自然はどのようにして、〝気候の調整〟や〝物質の供給〟を私たちにもたらしてくれているのでしょうか？　その答えは、生態系を構成する生き物たちの生命活動、とくに光合成にあります。生態系内の植物は光合成により大気中の二酸化炭素を取り込み、それを使って体内で有機物を合成・固定します。光合成を続けることで、植物体内には有機物がたまっていくのです。植物に固定された有機物の一部は、やがて落ち葉や枯れ枝となって地面に落ちます。こうして地表に供給された有機物が、土壌中の有機物の起源となります。つまり、森林に蓄えられた大量の炭素は、もとをただせば、光合成で取り込まれた大気中の二酸化炭素なのです。同様に人間社会に供給される物質も、光合成の産物です。

生態系の生産者たちがおこなっている物質生産が、〝自然がもたらすもの〟（この場合は、気候の調整と物質の供給）の正体でした（図27）。そして、物質生産のような、生態系に出現する生き物たちが担う役割を〝生態系の機能〟と呼びます。森林生態系はほかにも、水の貯蔵や水質浄化など多様な機能を果たしていることが知られています。

生態系の機能の概念を理解したところで、本題である「生態系の機能は、生物多様性が高いほど大きいのか？」についての考察に移ります。ここからの議論も、たくさんある生態系の機能のうち、物質生産に的を絞って進めます。

ニッチ

生態系の物質生産力（生態系内の生産者が、単位時間、単位面積あたりに生産する物質量）は、生物多様性とどのような関係にあるのでしょうか？　生態学者は、生物多様性の高い生態系ほど物質生産力も高いと考えています。そう考える理由を理解するには、〝ニッチ（生態的地位）〟の概念を知る必要があります。

ニッチとは、もともと生態学の分野で使われていた言葉ですが、今ではビジネス用語として社会に浸透してきた感があります。ビジネスにおいては、「各会社が他社との競争で優位に立てる得意事業」といった意味で、〞ニッチ〟という言葉が使われているようです。

生態学においては、多くの科学者がさまざまな定義をニッチに与えてきましたが、いまだひとつに定まっていません。本書ではざっくりと、「生態系で、ひとつの種がほかの種との関係の中で占める位置」と定義しておきます。具体的には、生息する空間や餌資源、活動時間、食物網の中での位置などを指します。「ひとつの種の生存に必要な環境と資源のセット」と言い換えてもいいでしょう。

生態系内では、あらゆる種がほかの種とは異なる独自のニッチを占有しています。つまり、同じ生態系に生きる2つ以上の種が利用するニッチは、多少重なることはあっても、完全に一致することはありません。

では、もしニッチが完全に重なる2種が生態系内で出会ったら、どうなるでしょうか? この場合、最終的に一方の種がもう一方を締め出して、そのニッチを独占的に利用しはじめます。ニッチを占有するのは、そのニッチをより効率的に利用できる種です。「別の種にも少しくらい使わせてやればいいのに。ケチだなぁ」と思うかもしれませんが、自然はそのようにはできていません。ビジネス用語と同様、生態学でも、個々の種にとって「ここならば、誰にも負けない」という環境がニッチと呼ばれるのです。

「生態系では、ある種はほかの種とは異なったニッチを利用する」――この考えを念頭に置き、生態系を眺め直してみましょう。生物多様性と物質生産力の関係が理解できるはずです。

ニッチ相補性

生態系内の環境は不均一です。たとえば森林を考えてみましょう。森林には、暗い木陰がある一方で日差しの入り込む明るい場所もあり、また、湿った谷や乾いた尾根などが混在しています。森林というひとつの生態系に多様な環境があるのです。

生物は、生態系内のさまざまな環境のうち、自分に合った領域（ニッチ）を占める（利用する）ことになります。逆に、生態系内にニッチが存在しない種や、ニッチの利用効率でほかの種に劣る種は、その生態系のメンバーにはなれません。ということは、生態系に現れる種の組み合わせは、生態系の多様な環境をもっとも効率よく利用するベストメンバーだと考えられます。

先に述べたとおり、ある生態系に現れる種は、同じ生態系のほかの種とは異なるニッチを利用します。見方を変えれば、「ある種が苦手とする環境は、ほかの種の得意な環境（ニッチ）になっている」と解釈できます。つまり、同じ生態系に現れる複数の種は、互いにほかの種の苦手な環境を利用し合うという相補的な関係を築き、全体として無駄なく環境を利用をしているのです。

この相補的な関係を〝ニッチ相補性〟と呼びます。

さて、それぞれ独自のニッチを効率よく利用する、数種の生物からなる生態系を考えてみましょう。この状態から、生物が1種ずつ絶滅していったらどうなるでしょうか？　絶滅した種のニッチは、生態系内で利用者不在のまま残されます。つまり、環境全体の利用効率が落ちるのです。利用されない環境が生じるわけですから、生態系の種多様性の減少は物質生産力の低下につながると予想されます。

次に、生態系に外から新たな種が加わったとしましょう。ニッチ相補性の考えに従うと、新たに加わった種は、それまでの生態系内の種が利用できていなかった環境を利用しはじめるはずです。よって、生態系内で種が増えれば、その系内の環境がそれ以前よりも効率的に利用されるようになると予想されます。環境がより効率的に使われるようになるわけですから、物質生産力は種が増えるほど高まると期待できます。これが、生物多様性の高い生態系ほど物質生産力も高くなる、と生態学者が考える理由です。

生産力と多様性

このように理詰めで考えれば、生物多様性の高い生態系ほど物質生産力も高いという結論に達します。しかし、理論的に正しいからといって、生態系が実際そのようにふるまうとは限りません。「生物多様性の高い生態系ほど生態系の機能も高い」という生態学者の予想は、野外で実証されているのでしょうか？

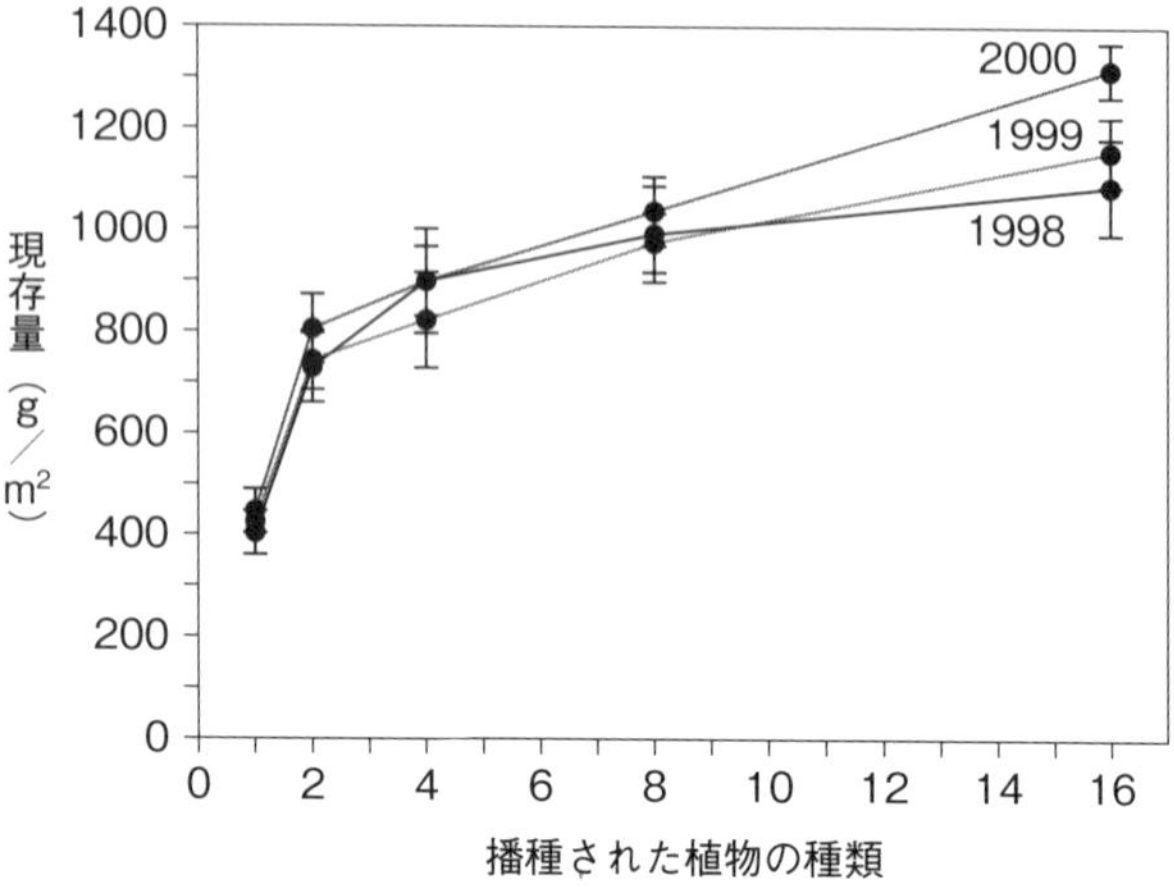

図28 ▶ 種数が多いほど生産力は高い[104]

この疑問に答えるため、アメリカの生態学者、デイヴィッド・ティルマンらによる、アメリカ・ミネソタ州シーダークリークでの植物種数に関する野外操作実験を紹介しましょう。[104]

彼らの研究地はやや乾いた草原です。そこに9m四方の小区画を多数準備し、春に草原性の植物を播種しました。ただし、各小区画に播種する植物の種数を1種、2種、4種、8種、16種と変えました。そして、実験終了時点（バイオマスが最大となる夏）での小区画の植物のバイオマスを測定し、生産力の指標としました。播種した種数と生産力の関係を検討したのです。

結果は明白でした（図28）。播種された植物の種数が増えるほど、生産力（バイオマス）が増加したのです。そしてこの実験により、植物の種数が多い生態系ほど生産力が高くなることが、みごとに証明されました。

6-3

多少絶滅してもかまわない？

――リベット仮説と冗長性仮説

生物多様性が高い生態系ほど機能が高まることを、物質生産力を例に理解しました。しかし、まだ腑《ふ》に落ちないことがあります。生態系から数種の生物が消失（絶滅）しても、生態系の機能がほとんど低下しない（ように見える）ことがあるからです。種数が機能と連動しているのならば、種の減少とともに機能も落ちるはずですから、なんとも解せません。例を示しながら、生物多様性と生態系の機能の関係についてくわしく説明しましょう。

機能の差が見えない

3－2節で紹介した宮島の調査区に再び注目します。じつは、宮島には調査区を2つ設けていました。その2つは150mしか離れていませんが、出現した植物種は若干異なります。一方の調査区（A）に出現した植物種の数は32種、もう一方の調査区（B）には30種が現れたのですが、AとB両方の調査区に共通して見られた植物は23種でした。[36] 片方の調査区だけに出現する種が一定数いるということです。

では、これらの調査区の生態系の機能を比べると、出現しない種の分だけ機能が低いのでしょうか？　もちろんこの場合は、絶滅して種数が減少したわけではありません。しかし、出現しない種がいるということは、似たような状況でしょう。

私はこの森林をかれこれ10年以上観察し続けてきました。しかし、2つの調査区の間に明らかな機能の差を見たことはありません。もしかすると、私が気づいていないだけかもしれませんが、目に見えるほどの大きな違いがないのも事実です。

こうした観察結果は、宮島の私の調査区に限ったものではありません。なぜ、前節で紹介した生態学者の予想と異なる結果が出るのでしょうか？

生態学者は、「生態系の生物多様性が高いほど生態系の機能が高い」と「多少種が失われても、生態系の機能は低下しない」という一見矛盾する現象を結びつける、2つのモデルを提示しています。〝リベット仮説〟と〝冗長性仮説〟です。

本当は恐いリベット仮説

リベット仮説は、アメリカの生物学者であるポールとアンのエーリック夫妻により提唱されました。[105] 2人の著作には、〝リベット抜き〟という特殊な架空の職業に就く男が登場します。ここでは、少し私流にアレンジを加えながら、彼らの考えを紹介しましょう。

リベットとは、飛行機の翼を本体に固定するための金属製の部材です。カシメといわれる特別な工法で翼を固定する際に、リベットを打ち込みます。カシメは、半永久的で高い強度の締結ができる手軽な工法で、古くから航空機の翼の固定に用いられてきました。

さて、〝リベット抜き〟の職場は飛行機整備場ですが、彼は飛行機を整備しているわけではありません。彼の仕事は、飛行機からリベットを外すことです。といっても、新しいリベットに付け替えているわけではありません。単純に、リベットを飛行機から引き抜くだけの仕事です。

飛行機からリベットを抜いてはいけません！　そんなことをすれば翼の強度が下がり、最悪の場合、飛行中に翼が外れてしまいます。重大航空事故を引き起こしかねない愚行を、この男はなぜおこなっているのでしょうか？　勇気を出して聞いてみると男は、さばさばと、

「これは業務命令なんだよ。これが私の仕事なんだから、放っておいてくれ」

と答えます。理由はまったく不明ですが、リベットを抜くことで賃金が発生するようです。

リベットを飛行機から抜き取ることなど、法に背く行為でしょうが、エーリックらのつくり話ですから、違法性についてはスルーしましょう。わかったことは、この男は身銭を稼ぐためにリベットを抜いているということです。

リベット抜きの動機はわかりましたが、男は自分のやっていることをどう思っているのでしょうか？　訊いてみると、大惨事に発展しかねない醜行に対して、やはり悪びれることなく、

「心配にはおよばないよ。飛行機っていうのは必要以上に頑丈につくってあるのだから。リベットを抜いたって飛行に支障はないさ」

と答えます。正気の沙汰ではありません。

この男は昨日も一昨日もリベットを引き抜いていました。きっとこれからもリベットを抜き続けるのでしょう。飛行機がやがて墜落することは目に見えています。

以上がリベット仮説です。ただ、これだけでは何のことかわからないと思うので、もう少しだけ説明しましょう。

リベット仮説は、飛行機を生態系に、リベットを種に見立てています。わずかなお金のためにリベットを抜く男は、ほかならぬ私たち人間です。経済を優先して種を絶滅に追いやっているのですから、ピッタリな比喩でしょう。

男がいうように、丈夫につくってあるので、リベットをひとつ抜きとっただけで飛行機が墜落することはないでしょう。それどころか、何もなかったかのように飛行します。同じように、生態系から1種の生物が失われたとしても、それにより生態系が直ちに崩壊することは（まず）ありません。さらに、生態系の機能も落ちないでしょう。

しかし安心してはいけません。リベットを抜かれ続けた飛行機がいつか必ず墜落するのと同じで、生態系から種が失われ続ければ、いつか突然に生態系の終わりが訪れるのですから。

「なるほど。いずれは生態系が崩壊するのか……」と、他人事のように感心している場合ではありません。生態系の崩壊は、私たちにとっても由々しき事態です。飛行機に見えていた乗り物をよく見てください。それは飛行機ではありません――宇宙船地球号です。宇宙船地球号が空中分解すれば、乗組員であるヒトも破滅してしまいます。

冗長性仮説

もうひとつのモデルが冗長性仮説です。このアイデアでは、種(のもつニッチ)は金属製のリベットのように冗長性(融通がきくということ)に乏しいものではなく、ある程度の柔軟性があると考えます。加えて、種間で少しずつニッチが重複しているとも考えます。[106]

先ほど、ニッチを「ひとつの種の生存に必要な環境と資源のセット」と紹介しました。アメリカの生態学者、ジョセフ・コネルはニッチの概念をさらに〝基本ニッチ〟と〝実現ニッチ〟の2つに分けています。[107] ニッチを二分する彼の考え方は、冗長性仮説を理解するのに役立ちます。

基本ニッチとは、資源を競合する種がまったくいない条件下で、ある種が生存しうる環境や資源(のセット)を意味します(図29(a))。資源を競合する他種がいない生態系など実在しませんから、基本ニッチは仮想的な概念です。基本ニッチを構成する個々の環境要素には、多少の幅があります。たとえば、ある種は生存に温暖な気候を必要とし、「年平均気温が15℃を下らないこと」を生育条件とするとしましょう。この条件が、この種の基本ニッチを構成する要素のひとつです。この種は、年平均気温が15℃の場所でも20℃の場所でも、25℃の場所でさえも生育することができます。これが、基本ニッチに多少の幅があるということです。

実際の生態系では、種はほかの種と資源を競合し、基本ニッチの少なからぬ部分をほかの種に奪われています。そして、基本ニッチの中にある、「資源競合において、ここならば誰にも負け

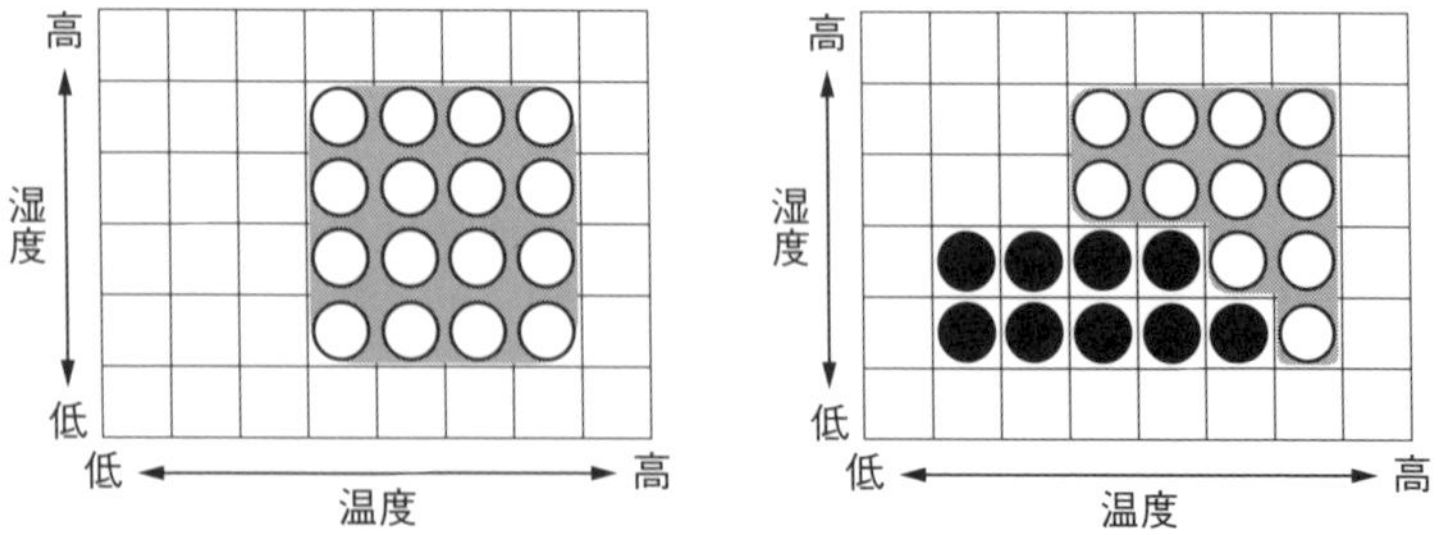

(a) 種A(○)の基本ニッチ
競合する種がいない場合に
種A(○)が利用できる環境・資源の範囲

(b) 種A(○)の実現ニッチ
競合種B(●)がいるときに
種A(○)が利用できる環境・資源の範囲

図29 ▶基本ニッチと実現ニッチ

ない」という狭い環境のセットのみに出現します。現実世界において、他種との関係で決まるニッチが〝実現ニッチ〟です（図29(b)）。基本ニッチの一部では、多種との資源をめぐる競争に敗れて締め出されてしまいます。したがって、実現ニッチは基本ニッチより小さくなっています。

ある種が絶滅すると、生態系には、その種が利用していた実現ニッチの穴が空きます。しかしこの穴は、生き残っている種のいずれかの基本ニッチと重なっている可能性が高いです。もし生き残りの中に、絶滅種の実現ニッチを基本ニッチ内にふくむ種がいれば、その種が実現ニッチを広げることで、絶滅により生じた〝実現ニッチの穴〟が埋まります。

リベット仮説では、ある種の絶滅により空いた〝穴〟が、生き残った種に埋められることはありません（一度引き抜かれたリベットの穴はふさがれることなく残ります）。対して冗長性仮説では、残りの種により埋め合わせられる

（こともある）と考えます。

要《かなめ》のポジション

サッカーのたとえを用いて冗長性仮説を説明しましょう。サッカーは1チーム11人で戦うスポーツです。スポーツですからルールがありますが、試合中に悪質なルール違反を犯した選手は、審判から退場を宣告されることがあります。退場者を出したチームは、残りの時間を10人で戦わなければならず、戦況は厳しくなります。

サッカーの試合中、一方のチームの右サイドバックの選手が退場を言い渡されてしまいました。この退場は戦況に響きます。なぜならばこのポジションは、敵チームのサイドアタックを防ぐための要だからです。相手チームはがら空きとなった右サイドを突き、攻め込んでくるにちがいありません。ヤバい状況です。

この状況で、退場者を出したチームの選手は、「あそこは退場した選手が受け持っていた場所だから、私が関知するところではない」などと考え、知らんプリをすることはないでしょう。残った選手が少しずつ担当エリアを広げ――たとえばセンターバックの選手が右サイドまで守備範囲を広げたりして――、退場した選手の穴を埋めようとするはずです。

冗長性仮説は、絶滅種を出してしまった生態系は、その絶滅により生じる機能的な穴が（退場者を出したサッカーチームのごとく）残りの種で埋められるという考えです。この考えには、ニッチには冗長性があり、複数種のニッチが多少重なっているという前提があります。生き残った種による絶滅種のニッチの穴埋めがうまくいっている限りは、少数の種が絶滅したとしても、生態系の機能にはほとんど影響がありません。

ありゃありゃ、退場者を出したチームは素行が悪いようです。また一人、また一人と退場者を出し続けています。このチームはどうなるでしょうか？　残った選手では穴を埋めきれなくなり、崩壊してしまうことが容易に想像できます。

冗長性仮説によれば、生態系の機能的な低下がはじまるのは、残りの種ではバックアップできなくなるほど種の絶滅が進んだときです。

もうひとつ重要な点があります。サッカーチームには、ほかの選手が守備範囲を広げるだけではどうしても埋められないポジションがひとつあるのです。11人の中で唯一手を使うことが許されたゴールキーパーです。ゴールキーパーの退場は、直ちにチームの崩壊を招きます。生態系にも、サッカーチームにおけるゴールキーパーのように、機能的な代替の利かない（ニッチの穴埋めができない）種があるかもしれません。

冗長性仮説では、もしその種の絶滅が起これば、即座に生態系の機能の劣化がはじまると予想します。この予想を裏づける事例を次節で紹介しましょう。

以上の考察から、「機能が落ちないのだから、多少絶滅してもかまわない」という考えの誤りに気づいたはずです。たしかにある一種の絶滅が、直ちに生態系の機能低下や崩壊を招くことは

（一部の例外を除けば）ないでしょう。しかし、絶滅種が増えれば、機能低下や崩壊は避けられません。人間活動を原因とする絶滅は一種たりとも許さないことが、最善の策だということです。

6-4 たった一種の絶滅が招く生態系の崩壊

リベット仮説でも冗長性仮説でも、一種が絶滅したくらいでは、生態系はほとんど影響を受けないと予想しています。しかし、前節の最後に触れたように、例外もあります。過去に、たった一種が絶滅しただけで生態系が崩壊したことがあったのです。そんな事例を紹介します。

ラッコは金になる

北太平洋の沿岸域には、食肉目イタチ科最大の動物、ラッコが生息しています。ラッコは寒帯性で、日本沿岸では北海道が分布の南限です。

ラッコは道具を使う数少ない動物です。カニやウニ、貝の硬い殻を石で砕いて、中の軟体部を食べる姿はおなじみですね。ふつう単独で生活しますが、群れを成すこともあります。繁殖のスピードは遅く、１回の出産で通常１頭の子しか生まれません。独り立ちするのにも時間がかか

ラッコ（写真提供：Digital Network / PPS通信社）

り、生まれてから親離れまでに4年も要します。

そんなラッコが18世紀になると、（ラッコはまったく望んでいませんでしたが）ヒトとの関係を急に強めました。ヒトが、ラッコが金になることに気がついてしまったのです。

寒い海で生活するラッコの体は、凍え死なないように断熱性の高い毛皮で覆われています。その毛は1cm^2あたり9万3000本以上も生えていて、世界最高の毛の密度だそうです。[108] 毛皮の質は毛の密度で決まりますから、ラッコの毛皮は最高級品ということになり、当然、高値で取引されるようになりました。こうなると人の目には、ラッコが高級な毛皮にしか見えなくなります。「よし。あいつらから毛皮をぶんどってやろう」と考える人が出てきてしまいました。

毛皮商にとっては、ラッコの体の大きさも魅力でした。その成獣の体長は1mを超え、体重は30

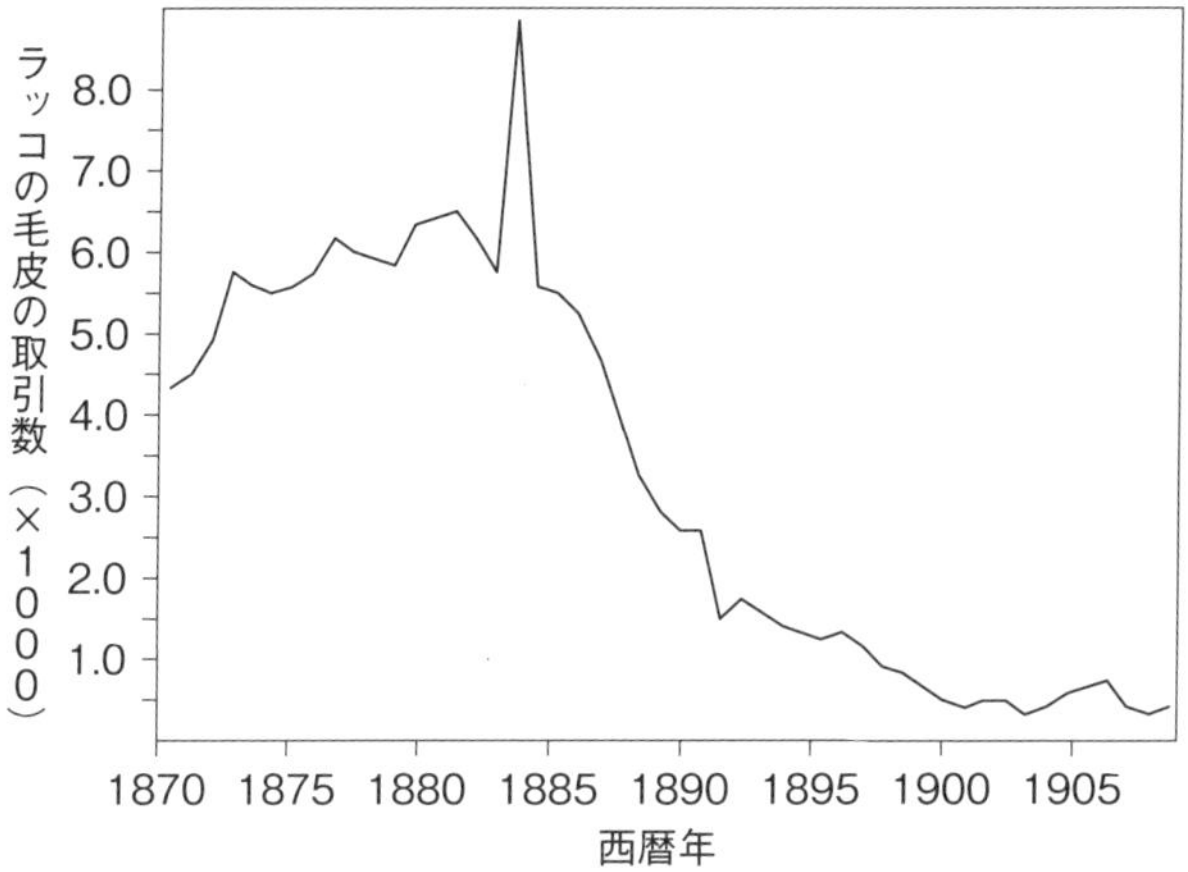

図30 ▶ロンドン毛皮市場における20世紀初頭までのラッコの毛皮の取引数

～40kgにもなります。イタチ科最大のラッコ1頭からは、ほかのイタチの仲間とは比べ物にならないくらい大量の毛皮が手に入ります。ラッコ1頭分の毛皮の価値は、船乗りの1年分の賃金に相当したそうです。[108]

経済的に魅力的なラッコの毛皮を求めて、北太平洋全域でラッコ漁が盛んにおこなわれました。1750年からの100年間で、75万頭以上のラッコが殺されたという記録が残っています。[108] 乱獲の結果は明らかでした（図30）。乱獲がはじまる前には数十万頭いたラッコは、19世紀末には北太平洋全域で1000頭未満まで減少し、ほぼ壊滅状態に陥ったのです。これを受けて、1911年にラッコなどの保護に関する条約（膃肭獣《オットセイ》保護条約）が結ばれ、ラッコ猟は世界的に停止されました。

猟が停止されても、もともと繁殖のスピードが遅いラッコは個体数をなかなか回復できません。現在でもラッコは、ＩＵＣＮにより絶滅危惧種に指定されています。

ラッコ猟を停止する条約が結ばれる以前は、日本近海でもラッコ漁は盛んでした。日本人とラッコの関係性をほのめかす文学作品があります。宮沢賢治の『銀河鉄道の夜』です。

この物語に登場する少年たちの名はジョバンニやカンパネルラ、ザネリです。こうした名前は日本ではあまり聞かないので、お話の舞台が日本なのかはわかりませんが、作者の宮沢賢治は間違いなく日本人です。作中に、ジョバンニ君がザネリ君から、「ジョバンニ、お父さんから、らっこの上着が来るよ。」とからかわれ、憤慨するシーンがあります[109]。作品が執筆された時代（1924年ごろだそうです）から想像すると、もしかするとジョバンニ君のお父さんはラッコの密猟に携わっていたのかもしれません。作者は、日本でのラッコの微妙な立場（保護すべき対象であると同時に、莫大な利益を生み出すがゆえ密漁が絶えない現実）を表現したかった可能性もありそうです。

ラッコがいなくなった海で起こったこと

乱獲の結果、多くの海域でラッコが絶滅、もしくは絶滅寸前にまで追い込まれると、まったく想像もつかなかったことが起こりはじめます。ラッコが消えたアラスカから南カリフォルニアまでの沿岸で、ジャイアントケルプ（コンブの仲間で、50mにもなる巨大な海藻）が衰退しはじめたのです。もともとこの海域は、ジャイアントケルプがうっそうと茂る生態系で、ラッコもその一員でした。ところが、ラッコの減少に続いて、みるみるうちにこの海藻が姿を消しはじめたのです。ジャイアントケルプの衰退の理由は、初めのうちこそ謎に包まれていましたが、その後の調査により解明されました。謎解きに貢献したのが、アメリカの生態学者、デイヴィッド・ドゥギンズによる研究です[110]。

彼は、ケルプが衰退したアラスカの海の中に、ウニを排除した実験区を設置しました。そして、ウニのいなくなったその区域で何が起こるか観察したのです。人為的なウニの除去の効果はてきめんで、すぐに海藻が復活しはじめました。彼のこの研究は、ジャイアントケルプを衰退させた犯人がウニであることを強く示唆しています。

ジャイアントケルプ生態系において、ウニは藻類の捕食者です。ジャイアントケルプもウニに食われます。とはいえ、小さなウニが長さ50m以上に成長するジャイアントケルプを食べ尽くすことなど可能なのでしょうか。

ウニが捕食によりジャイアントケルプを衰退させていたのは間違いないのですが、じつは巨大なケルプの全身を食べ尽くしたわけではありません。ジャイアントケルプには弱点があり、そこをウニに突かれてしまったのです。ジャイアントケルプは、付着器と呼ばれる特殊な器官を用いて海底や岩場に固着します。その付着器をウニがたいらげてしまったのです。海底と固着する術を失ったジャイアントケルプは、海の中を漂いながら死んでいきました。

通常、ウニの生息密度は低いので、ウニによる捕食がジャイアントケルプにとって問題になることはありません。しかし、ラッコがいなくなった海域では、ウニが爆発的に増えていて、過密に生息するウニがジャイアントケルプを衰退させていました。ではなぜ、ウニは異常なまでに増えてしまったのでしょうか？

ウニ激増のカギを握っていたのが、ウニを主食とするラッコです。ラッコがいる海では、ラッコがウニを捕食することでウニの増加が抑えられ、ウニの生息密度が低く保たれていました。ラッコを失った海ではこの歯止めがきかず、ウニが爆発的に増えてしまったのです。ラッコはジャイアントケルプの守り神だったことがわかりました。

ラッコの絶滅がウニを増やし、ジャイアントケルプ生態系の崩壊を引き起こしたのです。

ここで紹介したジャイアントケルプ生態系の衰退の根本原因は、ラッコの激減によるウニの爆発的な増加でした。この事例で見られた、食う者と食われる者の間での相互の影響を、生態学では〝栄養カスケード〟と呼びます。ラッコとウニの間では、食う者であるラッコが食われる者であるウニに強い影響を与えていました。こうした、食う者が食われる者に与える影響を〝トップダウン制御〟と呼びます。ジャイアントケルプの衰退を生態学的に見れば、ラッコを人為的に激減させたことが原因で、ウニに対するトップダウン制御が外れてしまったと理解できます。

いなくなって初めて気づくキーストーン種

ジャイアントケルプ生態系のラッコのように、生態系にはその存続のカギを握る種がいる場合があります（必ずいるとは限りません）。そういった種を〝キーストーン種〟と呼びます。

アーチ状の石橋を想像してください。〝キーストーン〟とは、アーチの頂上にはめられる石のことで、これを取り除くと石橋は崩れてしまいます。石橋のキーストーンのように、生態系から失われると、生態系に大きな変化（最悪の場合、崩壊）を引き起こす種がキーストーン種です。

生態系の存続を左右するほど影響力の大きいキーストーン種ですから、絶滅しないように格段の注意が必要です。しかし厄介なことに、どの種がキーストーンの役割を担っているか、あらかじめ知ることは、生態学者にさえ困難です。生態系内の複雑な生物のつながりに隠され、どれがキーストーン種なのかが見えにくいからです。ジャイアントケルプ生態系のラッコだって、絶滅寸前まで個体数を減らして初めて、キーストーン種であることが判明しました。ほとんどの場合、いなくなってから初めて、その種がキーストーン種だったことを知るのです。

別の生態系のキーストーン種をもう一種紹介しましょう。3－4節にも登場したヨーロッパアナウサギです。

草原か、森林か――それはウサギが決める

3－4節では、外来生物問題を引き起こす存在として紹介したヨーロッパアナウサギ（カイウサギ）ですが、ここでは彼らの草原生態系のキーストーン種としての役割を紹介します。舞台はイギリス南部です。

ヨーロッパアナウサギはノルマン人（もともとスカンディナヴィア半島やユトランド半島に住んでいた北ゲルマン人）の手で、11世紀にイギリス南部へ連れてこられました。ペットではなく、食肉用でした。そのうちに、飼育下から逸脱する個体が現れましたが、野外ではあまり増えなかったようです。彼らの生息に適した場所が、当時のイギリス南部には少なかったためでした。

しかし、18世紀に入ると様子が変わります。ヨーロッパアナウサギが野外で増えはじめたのです。[11] どうやら、同時期にこの地域で広がりはじめた農場が、彼らの生息に適していたようです。

時を同じくしてイギリス南部では、カシが優占する森林の衰退がはじまり、代わりに草原が目立つようになりました。しかし、温暖で雨の降るこの地方は本来、森林に覆われるはずで、草原が広がるのは不自然です。それ以前は、草原といえば、人が管理・維持する牧場くらいしかありませんでした。当時のイギリス南部の住人たちは、理由もわからず広がっていく草原を見て、首をひねることしかできなかったようです。

そんな折、ヨーロッパアナウサギ根絶計画が実施されました。ヨーロッパアナウサギは農作物を荒らす害獣だったからです。この計画には、ブラジルの森林性ウサギがもっていたミクソーマウイルスが使われました。[11] このウイルスのもたらす感染症で、ヨーロッパアナウサギを病死させようとしたのです。意図的に感染させた個体が放たれたのは、1953年のことでした。

ミクソーマウイルスのヨーロッパアナウサギへの毒性は非常に高く、効果はてきめんでした。1955年には、イギリス南部の田園地帯からヨーロッパアナウサギはほとんど姿を消しました。根絶計画は成功したのです。

ところが、ヨーロッパアナウサギの激減とともに、予期せぬことが起こりました。[11] カシの木の再生がはじまったのです。ヨーロッパアナウサギが増えれば、草原が広がる。ヨーロッパアナウサギが減れば、森林が回復する。こうなると、ヨーロッパアナウサギと草原の拡大（すなわち森林の衰退）の関係が強く疑われます。そして、草原—森林—ヨーロッパアナウサギの関係は現在、次のように理解されています。

植物食のヨーロッパアナウサギは、将来の森林をつくるドングリや、カシの芽生えや若木を食べます。ヨーロッパアナウサギが増えると、その食圧が森林再生を妨げるため、森林が衰退し、草原が広がります。逆にヨーロッパアナウサギが減れば、ドングリが食べられることはなくなり、芽生えや若木も生き残りやすくなります。そして、森林が再生します。

つまり、ヨーロッパアナウサギの在・不在が、森林生態系が成立するか、草原生態系になるかの運命を決めていたのです。

イングランド南部の経験から、ヨーロッパアナウサギは草原生態系のキーストーン種だったことがわかりました。そして、この事実も、ジャイアントケルプ生態系のラッコと同様、いなくなるまでは誰も気づけなかったのでした。

一難去ってまた一難——絶滅は連鎖する

もう一度ラッコに目を向けましょう。いったんは壊滅状態に陥ったラッコですが、保護するための条約が承諾された後、どうなったのでしょうか。

1911年にラッコなどの保護に関する条約が結ばれて以降、商業目的のラッコ猟は禁止されていました。しかし、1941年にこの条約は失効します。ただし日本国内でのラッコ猟は、国内法で禁止されています。ほかの海域でも同様に、各国の国内法でラッコは保護されています。

こうした保護努力のかいもあり、ラッコの個体数は世界的に（ゆっくりとですが）回復しています。IUCNによれば、最近の個体数推定値は、北太平洋全体で13万頭（1万頭程度がロシア近海に、12万頭程度がアラスカおよびアメリカ西海岸に生息）を超えています[23]。

しかし近年、アラスカ沿岸域のラッコの個体数が再び減りはじめたという報告がなされています[112]。ラッコ猟の規制は続いているので、今回の個体数減少は、乱獲のせいではありません。それでは、ラッコの減少の理由は何なのでしょうか？

ところで、ある一種の絶滅が、ほかの種の絶滅を招き、さらにその種の絶滅が別の種の絶滅を誘うことがあります。絶滅が種間でドミノ倒しのように連鎖し、結局は多くの種が絶滅してしまうのです。この現象は生物学で〝絶滅のカスケード〟と呼ばれています。〝栄養カスケード〟でも使われた〝カスケード〟という言葉は、何段にも重なった滝のことです。自然界にも見られますが、豪華なビルやホテルに観賞用として設置された人工の滝を思い浮かべると、イメージしやすいかもしれません。〝絶滅のカスケード〟は、連鎖的に絶滅が進行し、段階的に生物多様性が低くなっていく様子をカスケードにたとえた表現です。

近年のアラスカ沿岸域のラッコの減少は、絶滅のカスケードのひとつです。

1990年代に入ると、アリューシャン列島周辺のラッコが激減しました。減少がはじまる前のレベルと比べて個体数が5分の1くらいになったというのですから、大激減です。[112] ラッコの減少に引き続き、ジャイアントケルプ生態系は予想どおりの展開――ウニの大増殖とジャイアントケルプの減退――を迎えました。ラッコ減少後の成り行きは予想どおりですが、そもそもラッコはなぜ個体数を落としてしまったのでしょうか？

アメリカの生態学者、ジェームス・エステスらは、この問題に果敢に挑み、意外な犯人を突き止めました[112]――シャチです。1990年代に入るころから、急にシャチがラッコを襲うようになっていました。シャチの捕食によりラッコは数を急激に減らしていたということです。

しかし、真相を聞かされてもまったく腑に落ちません。この海ではずいぶん古くからシャチとラッコが共存していました。シャチがラッコを餌としていたならば、とっくの昔にラッコはシャチに食い尽くされていたはずです。急にシャチの気が変わって、ラッコを食べはじめたと考えなければ、説明がつきません。

この推論は、どうやら正しいようです。1990年以前は、シャチがラッコを狩ることは知られていませんでした。それが1990年代に入ると、急にラッコを食べはじめるようになったのです。ではなぜ、シャチはラッコを襲いはじめたのでしょうか。

シャチはほかに食べるものがなくなり、仕方なくラッコを襲っているのかもしれません。ラッコを襲いはじめる前、シャチの主要な餌はトドやゼニガタアザラシでした。ところが、それらの動物が1990年までにほとんどいなくなってしまったのです[112]。そして、彼らの消失と時を同じくして、シャチによるラッコの捕食がはじまっています。この状況証拠から、シャチの食性の変化の原因は、トドやゼニガタアザラシがいなくなったことにあると強く疑われます。

こうなると、トドやゼニガタアザラシの消失の理由が気になります。生物学者はその理由を、トドやゼニガタアザラシが餌とする魚が足りなくなったせいだと考えています[112]。調査から、この海域の魚の減少と種組成の変化が起きていることがわかったからです。

次の質問は決まっていますね。「なぜ魚が減ってしまったか?」です。

残念ながら、これに対しては明瞭な答えは出ていません。ただ、地球温暖化による海水温の上昇や、この海域で急成長しつつある漁業が理由ではないかと疑われています。現時点では不確実ではありますが、本書では暫定的に、地球温暖化や漁業という人為的な影響により魚が減ってしまったと考えることにしましょう。

以上の一連の流れを経時的に並べ替えると、アリューシャン列島周辺で見られた絶滅のカスケード（絶滅のドミノ倒し）が理解しやすくなります。人為的な影響からジャイアントケルプ衰退に

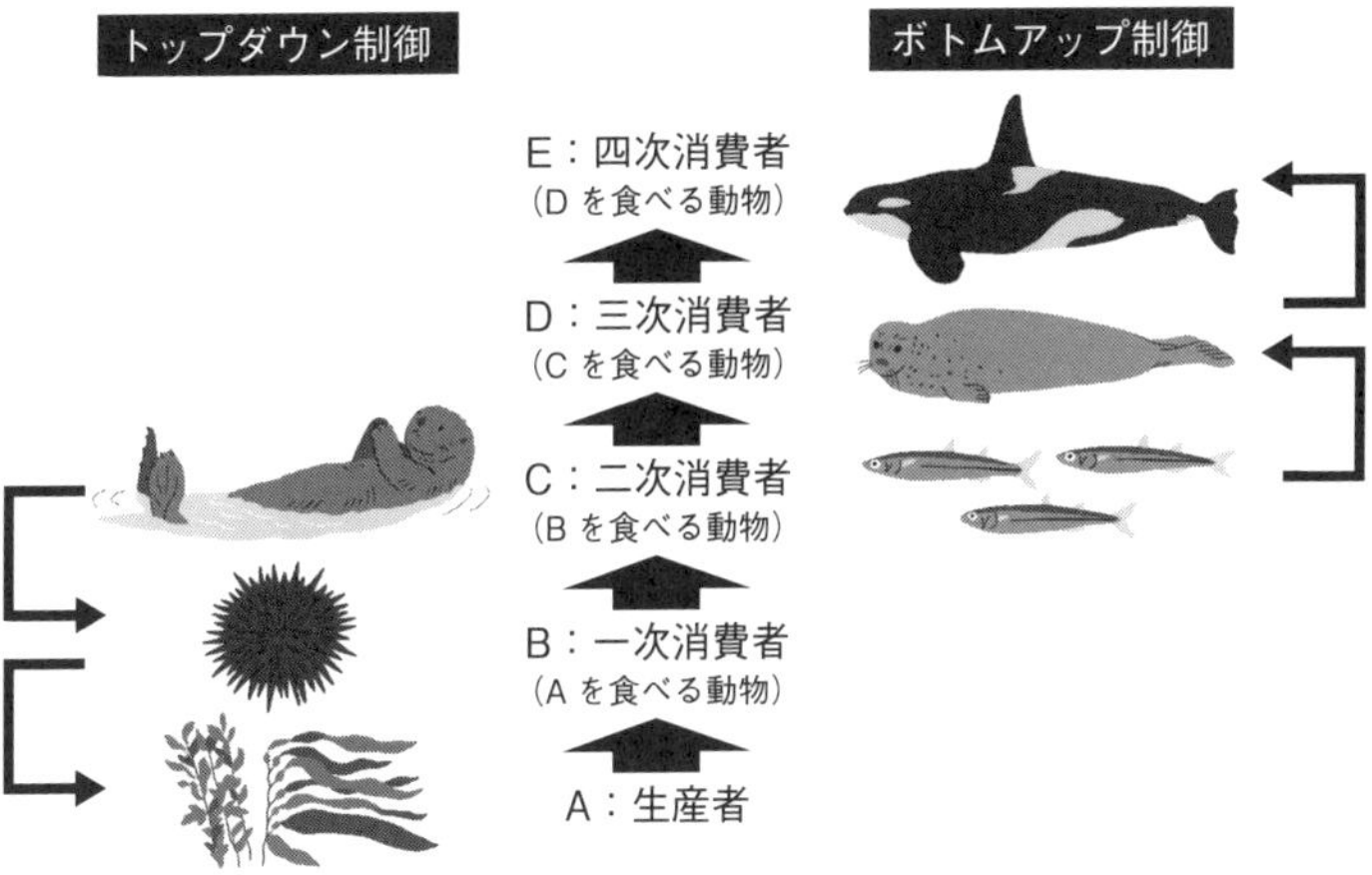

図31 ▶ トップダウン制御とボトムアップ制御

いたるまでのドミノ倒しをまとめましょう。

ドミノの最初のピースは、人間活動（地球温暖化や漁業）が倒しました。人為的影響により この海域の魚が減少し、魚の種組成が変えられたのです。この変化は、トドやゼニガタアザラシに影響をおよぼします。餌資源の欠乏に見舞われたトドやゼニガタアザラシは、絶滅の道をたどったのです。ドミノ倒しの連鎖はさらに続きます。これらの海生哺乳類を餌にしていたシャチが生活に困りはじめたのです。お腹をすかせたシャチは、仕方なくラッコを襲いはじめました。そして、シャチの捕食により、ラッコの命は風前の灯です。すると、ラッコに食われていたウニの個体数が激増し、増えすぎたウニによりジャイアントケルプの後退が進んでいます。

ラッコにはなかなか、安息の日は訪れないようですね。

さて、「ラッコがいなくなった海で起こったこと」の項で紹介した内容を思い出し、アリューシャン列島で起こった出来事を栄養カスケードの視点からも眺めてみましょう（図31）。今回は、ラッコとウニの間で起きたトップダウン制御とは別の形で、食う者と食われる者の関係に変化が起こっています。人為的影響による魚の減少が、それを食べるトドやゼニガタアザラシ、そしてそれを食べるシャチにまで影響を与えていました。つまり、食われる者が食う者へ次々に悪影響をおよぼしていたのです。生態学では、食われる者が食う者へ与える影響を〝ボトムアップ制御〟と呼んでいます。

ラッコとヒトの軋轢

ここで、先ほど紹介したラッコの復活劇を思い出してください。18世紀に乱獲がはじまる以前、ラッコがどれだけいたかは正確にはわかりませんが、多く見積もって30万頭くらいだったのではないかといわれています。[23] それが20世紀初頭には、乱獲により絶滅寸前まで追い込まれてしまいました。その後の保護活動が功を奏し、現在は13万頭くらいまで回復しています。前項で紹介したアリューシャン列島周辺のように、再び減少に転じた地域もありますが、順調に個体数が戻っている地域では、ラッコはふつうに見られるようにさえなりました。

ラッコの復活は生物多様性保全の観点からはよい兆しですが、じつはいいことばかりではありません。ラッコがいない間にヒトが発展させてしまった地域産業にとって、戻ってきたラッコが厄介者になることがあるのです。

たとえば漁業にはマイナスの影響がありました。ヒトは、ラッコがいない間に、貝やウニ、カニなどを漁の対象に加えていました。もちろんこれらはラッコの好物です。ラッコが戻ってきてこれらを食べはじめれば、ラッコとヒトの間で奪い合いが起こります。事実、ラッコの個体数が回復した地域では、ラッコの捕食による貝やウニ、カニの個体数の減少が起こり、それに伴い漁獲量も落ちました。保全活動と経済活動の対立が生じているのです。

こうした状況で、ヒトはラッコとどのように付き合えばいいのでしょうか？　漁業とラッコ保全は両立できるでしょうか？　ラッコにまつわる最後の話題として、この問題を考えます。

ラッコがいることでもたらされる利益

北太平洋東部では、乱獲により絶滅した海域でラッコの再定住が起こり、個体数が順調に回復しています。この地域でのラッコとの付き合い方のヒントとなる重要な知見が、ある研究によりもたらされました。ブリティッシュ・コロンビア大学で資源管理学を専門とする、エドワード・グレーグルらが『サイエンス』誌に発表した研究です。[113]

研究の舞台となったのは、ラッコの回復が目覚ましいカナダ太平洋地域です。グレーグルらはまず、漁獲量の変化から、ラッコがいるせいでどれだけの収入が失われたかを調べました。結果は予想どおりで、ラッコの復活は漁業に悪影響を与えていました。ラッコが原因となる貝類、ウニ、カニなどの海生無脊椎動物漁の漁業的損失は、1年あたり730万カナダドルにも上ると見積もられています。漁業就業者には、深刻な問題です。

この研究は一方で、見落としてはならない点があることも指摘しています。ラッコがいることでもたらされる利益です。この利益は、守護神であるラッコを取り戻したジャイアントケルプ生態系の復活がもたらします。ジャイアントケルプ生態系の復活は、経済活動にプラスの影響を与えると予想できるのです。たとえば、魚の漁獲量の上昇です。

光合成をおこなうジャイアントケルプが復活することで、海の生産力は当然高まります。これは、ジャイアントケルプを食べる生き物を活気づけます。加えて、ジャイアントケルプ生態系は、魚などのたくさんの海生脊椎動物に住処や産卵場所を与えるのです。

こうした〝ジャイアントケルプがもたらすもの〟のおかげで、魚の漁獲量はジャイアントケルプの回復前と比べて3倍も上昇することが予想されます。グレーグルらの試算によると、魚の漁獲量の上昇は、年間940万カナダドルにもなりました。これだけで、海生無脊椎動物漁の漁業的損失は相殺して余りあります。

炭素もお金になる

よいことはまだまだありそうです。ジャイアントケルプの体内には、有機物が豊富に蓄えられます。この有機物の起源は、光合成の過程で取り入れられた二酸化炭素です。そして、ジャイアントケルプの光合成に使われた海水中の二酸化炭素は、大気中の二酸化炭素が海に溶け込んだものです。このことから、ジャイアントケルプは、大気中の二酸化炭素を隔離する能力があるとみなせます。つまり、ジャイアントケルプ生態系の発達は、地球温暖化の抑止に貢献するのです。

6-2節で、グリーンカーボン（陸域の生態系に隔離された炭素）を紹介しました。ジャイアントケルプのように、海洋の生態系に隔離される炭素は、〝ブルーカーボン〟と呼ばれます。

ところで、ジャイアントケルプに取り込まれた二酸化炭素は〝排出権取引〟の中で売り買いされ、金銭的な価値を生み出すことが可能です。排出権取引では、二酸化炭素が売り買いされますが、誰が、何の目的で二酸化炭素を購入するのでしょうか？

この取引をおこなう動機は〝排出枠〟にあります。排出枠とは、政府から各企業などに課される、経済活動中に排出することが許された二酸化炭素の総量を指します。

企業が経済活動をおこなうとき、二酸化炭素の排出を伴うのが一般的です。物資の運搬中や、工業の稼働中に二酸化炭素が排出されます。この二酸化炭素が地球温暖化の原因となっていることは、いうまでもありません。地球温暖化を抑止するには、企業に二酸化炭素の排出量を減らしてもらう必要があります。そのための工夫のひとつが、企業に課される排出枠です。

このアイデアでは、政府が企業に対して、1年間に排出する二酸化炭素の総量をあらかじめ規制します。企業はその範囲内でしか経済活動をおこなえなくなりますが、その結果として、この企業による温室効果ガスの排出量を排出枠以下に抑えることができます。

とはいえ、企業が自らの利益を最大化するために、あらかじめ決められた排出枠を超えた活動をおこないたいときもあるでしょう。排出枠を超えた二酸化炭素を排出した場合、その企業は、別の企業が余らせている二酸化炭素（排出枠と排出した二酸化炭素量の差分）を買い取ったり、自然生態系が吸収した二酸化炭素を購入したりすることができます。排出枠からはみ出てしまった二酸化炭素排出量を相殺することができるのです（逆をいうと、相殺しなければなりません）。これが排出権取引です。

排出枠を超えた二酸化炭素を排出してしまった企業は、こうして二酸化炭素を購入する動機を抱きます。排出権取引を運用するためには、二酸化炭素の売買市場が必要です。そしてもちろん、こうした市場は存在します（排出量市場と呼ばれています）。

グレーグルらは欧州連合が運営する排出量取引所での炭素価格を用いて、〝ジャイアントケルプの森〟の資産価値を計算しました。[113] もしジャイアントケルプ生態系が固定した二酸化炭素がこの市場に売りに出されたら、いくらの値がつくかを計算したのです。すると、ジャイアントケルプ生態系の回復は、年間220万カナダドルもの経済価値をもたらすことが判明しました。

ラッコを見に行こう！

さらに、ラッコの存在は、より直接的な形で莫大な経済的利益をもたらす可能性があることも

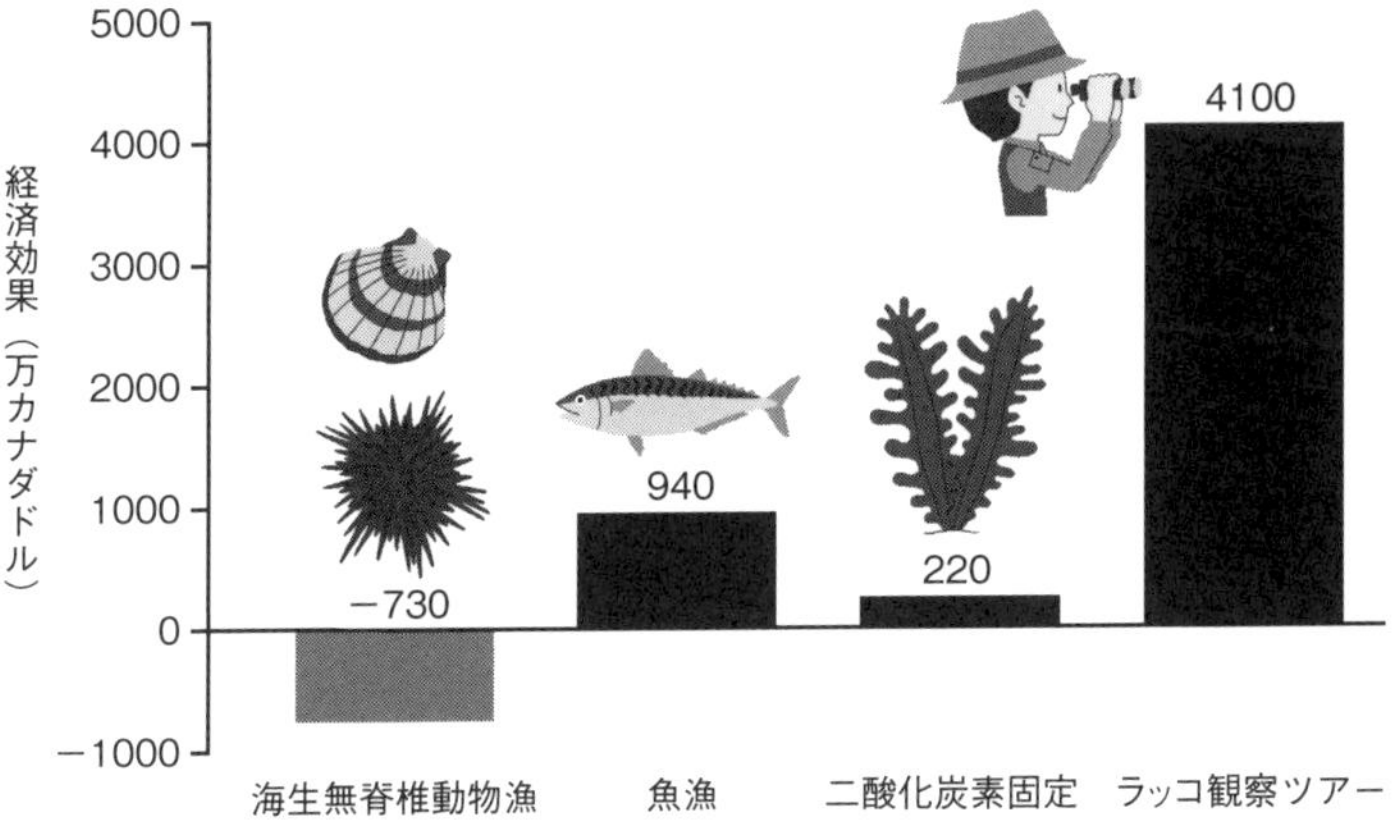

図32 ▶ ラッコの復活による経済損失と経済的効果[113]

わかりました。観光業です。グレーグルらがおこなったアンケート調査によると、かわいらしいラッコを野生の状態で見てみたいという人は多く、そういう人はラッコを見るためにお金を払ってもいいと思っているようです。ラッコ観察ツアーを組めば、かなりの収入が期待できます。

潜在的な需要を賄うだけの受け皿となる観光業がこの地域に発展すれば、という前提にはなりますが、アンケート調査の結果はなんと、ラッコの観察をふくむエコツアーにより４１００万カナダドルの収入がもたらされることを示していました。

グレーグルらの研究は、既存の海生無脊椎動物（貝、ウニ、カニなど）に関する漁業だけにこだわるのならば、ラッコの復活は経済的な不利益しかもたらさないけれど、もしヒトが柔軟に対応することができ、ラッコがもたらす経済的利益を余すことなく享受することができれば、ラッコの回復が経済的な損失を埋めて余りある利益をもたらすことを示しています（図32）。

つまり、ヒトがラッコと折り合いをつけるように社会を変えられるかが、ラッコとの付き合いのカギなのです。結局、ヒトがこれを実現できるか試されているということですね。

終章

絶望するしかないのか？

本書では、生物多様性にとって〈絶望〉ともいえるような現実を、最新の知見や統計をもとに紹介してきました。

一方で、人間活動のせいで実際に絶滅してしまった種は、生物種全体の1％にも満たないことも紹介しました。この数字は、人為的な生物多様性の喪失が現時点では限定的なことを物語っています。つまり、人類が今路線を変更すれば、本当の〈絶望〉を回避することができるのです。

第2章で考察したように、今起きている生物多様性の大喪失の原因は、人間活動にあります。人類には、過去に起きた大量絶滅の原因と考えられている、巨大火山の噴火や巨大隕石の衝突を止める力はありません。しかし、人間活動ならば話は別です。人類は当然、自分たちのおこないである人間活動を自分たちの手で変更することができます。この意味で、生物多様性の喪失を回避できる可能性は十分残っているのです。

とはいえ、生物多様性の大喪失はすでに〝待ったなし〟の局面まできています。手をこまねいている時間はありません。本当に絶望的な状況に陥ってしまう前に、人類には迅速な路線変更のための行動、つまり生物多様性に配慮した生活や社会づくりが求められているのです。では、その実現のカギはどこにあるのでしょうか？

生物多様性を保全するのは、人間のため？

本書にしたためてきたような生物多様性の喪失状況を知ると、それがめぐりめぐって人類におよぼす影響を心配する人は多いと思います。生物多様性の大喪失により、人類はどうなってしまうのか？ 自分の生活はどうなってしまうのか？ 私は無事でいられるのか？ 未曾有の大喪失に危機感を覚え、自分（たち）の身を案ずることは当たり前の反応だと思います。

第6章で考察したとおり、生物はほかの生物と直接的、間接的につながりながら活動し、生命を維持しています。ヒトも例外ではありません。たとえば、光合成ができないヒトは、物質生産を緑色植物に完全に依存しています。極端なことをいえば、すべての緑色植物が絶滅してしまえば、ヒトも絶滅を避けられません。緑色植物どころか、すべての昆虫が絶滅しただけでも、ヒトは数ヵ月以内に絶滅してしまうと予想されています（6－1節）。生物多様性の大喪失がいずれはヒトに破滅をもたらすことは、火を見るより明らかです。

しかし、生物多様性喪失のヒトへの影響と生物多様性保全の理由とを結びつけて考えること、つまり、「ヒトの生存がかなわなくなるから生物多様性を保全しよう」という考えに、私は違和感を抱かずにはいられません。この点について一緒に考えてみましょう。

話が逸れるようですが、〝因果応報〟という言葉があります。もともとは仏教の言葉だそうですが、日常でも使われます。日常的な使われ方としては、自分の行動に対して、後で報いを受けることを意味する言葉ではないでしょうか。たとえば、他人に対してひどい仕打ちをすれば、そのおこないの結果がめぐりめぐって、ブーメランのように自分に返ってくるという意味です。

生物多様性喪失のヒトへの影響を生物多様性保全の理由とするのは、因果応報の考えそのものです。生物多様性の喪失において、因果関係は明らかです。人間活動が原因となり、結果として生物多様性の大喪失が起こっています。ここに疑う余地がないことを、本書では繰り返し示してきました。それでは〝報い（しっぺ返し）〟はどうでしょうか？

もし報いがあるならば、「そんなことを続けていると、やがてその影響がめぐりめぐって人類に返ってきて、禍いが降りかかる。だから自分の身を守るため、生物多様性の喪失を回避しないといけない」という考えが成り立ちます。これは、自分たちの身を守るために生物多様性を保全しよう、というメッセージになるでしょう。

しっぺ返しがなければ、絶滅を許容してよいのか？

しかし、そんな報いは本当にあるのでしょうか？　もちろん、先述のとおり、緑色植物がすべて絶滅してしまうとか、昆虫が全滅するといった極端な状況を考えれば、ヒトもとても生きられません。ただし、そこにいたるまでの一部の種の喪失は、ヒトの生活にほとんど影響をおよぼさないこともあるでしょう。リベット仮説や冗長性仮説（6－3節）で考えたように、一部の種の絶滅であれば、生態系の機能にはなんら影響がないことがあるからです。つまり、報いはないことになります。

それでは、報いがないことを理由に、一部の種を絶滅に追いやってもよいのでしょうか？

ヒトは好き好んでほかの種を絶滅に追いやっているわけではありません。ヒトの生活を便利で快適なものにするための行為が、結果としてほかの種を絶滅に追いやっているにすぎないのです。「ヒトの生活をよくする（かどうか）」という基準だけで行為の善し悪しを評価してよいのであれば、種の絶滅など顧みずに、自分たちの生活の質を追い求めればよいことになります。ヒトにしっぺ返しがおよばない程度であれば、生物多様性を犠牲にして乱獲や土地開発を進めることも、理にかなっています。

しかしこの結論は、ヒトのもつ感覚とは大きくずれていると思います。ヒトのもつ行動基準が、「ヒトの生活をよくする（かどうか）」だけではないからです。たとえば、「倫理的である（かどうか）」も、ヒトにとって重要な基準です。この基準では、その行動がヒトとして〝善〟とみなせるかどうかを量ります。つまり、「ヒトの生活をよくすることと引き換えに、ほかの生物の命を脅かしてもよいのか？」という疑問に答えを出して行動を決めなければなりません。この疑問に対して、肯定的に答える人はかなり少ないと思います。

この感覚をつまびらかにするために、生物多様性から多少離れてしまいますが、人間どうしの関係を考えてみましょう。

他者を尊重する

人は他人を利用したり、他人に利用されたり、支え合ったりといった多様な関係性をつくりながら、社会の中で生活しています。そうした関係を築くうえで、誰しも、つねに〝自分ファースト〟を貫くのではなく、他人を尊重することを心がけているはずです。それでは、他人を尊重する理由は何でしょうか？

その理由はまさか、「仕返しが怖い」ではないでしょう。もしかしたら、そうした気持ちも少しはあるかもしれませんが、主たる理由ではないはずです。もしこれが主たる理由ならば、仕返ししてこない相手には、相手の気持ちなどおかまいなしに、好き放題の仕打ちをしてしまうことでしょう。しかし実際には、ほとんどの人は、誰に対してもそんなことはしません。

他人を尊重する本当の理由は、相手も自分と同じような存在で、自分が自分のことを大切に思うのと同じように、相手のことも大切にしたい、という気持ちにあるはずです。こうした感覚を醸成してきたのが、ヒトという種なのだと思います。

翻って生物多様性はどうでしょうか？　生物多様性の本体は命です。もちろん、ここでいう命は、ヒト以外の動物や植物をふくむ、あらゆる生命です。ヒトではなくても、地球の長い歴史の中で育まれ受け継がれてきた命であることに、変わりはありません。そして、その命を奪うかもしれない行為に対して、「仕返しがあるかどうか」を基準として判断することに、私は違和感を覚えずにいられないのです。

「ヒトとそれ以外の生物とでは、命の重さが違う。ヒトの命はほかの種の命とは比べられないほど重い。命を尊重する考えはヒトの命に限定されるべきだ」と直感的には考えがちです。しかし、倫理学は、ヒトとヒト以外の命の間には線が引けないことを繰り返し示してきました。[14] つまり、種の違いを根拠に、命の重さが変わるという考えを導くことはできないのです。とすると、ヒトの命が重いのであれば、ヒト以外の命も同等に重いということになります。私たちがほかの人の命を大切に思うのと同じように、ほかの種の命にも敬意を払わなければならないのです。

以上の考察は、報いがあるかないかなどは、生物多様性保全の本筋ではないことを示しています。むしろ、ヒトという種の本質として、ほかの生物種の命にまで気を配った結果として、生物多様性保全を進めるべきと結論づけられます。つまり、生物多様性の喪失を人類への脅威とみなし、これを保全の理由にするのではなく、生物多様性を命そのものとみなし、命を尊重することを理由にした生物保全をおこなうべきなのです。

生物多様性保全を迅速に、そして効果的に進めるために、この方向への考え方の変革が必要です。世界観の根本的な改革といってもよいでしょう。

不公平なのか？

この主張に対して、「少し不公平だな」と感じた人もいるかもしれません。ヒトはヒト以外の種の命に配慮すべきである一方で、ヒト以外の種がヒトに配慮を払うことを想定できないからです。野生生物がヒトに気を使って生活を送ることはないでしょうし、場合によってはヒトに危害を加えることさえあります。この非対称性をどのように受け止めればよいのでしょうか。

これについては、倫理学の「〃べし〃は〃できる〃を含意する」という原理に説明してもらいましょう。これは、「そもそもできないことを、すべきと考えることはおかしい」という、当たり前の原理です。この原理をヒトとヒト以外の種に当てはめて考えれば、先の悩みは解消します。ほかをおもんぱかることができるヒトという種だけが、一方的ではあるものの、ほかの種に配慮して活動すればいいのです。

繰り返しになりますが、生物多様性の喪失は待ったなしの状況で、具体的な措置を可及的速やかに講じる必要があります。そして、人類がそうした行動を起こすためには、〃ヒトらしい〃世界観を取り戻すことが必要だと強く思っています。生物多様性を命の集合とみなし、その命を尊重するべきだ、という世界観です。こうした認識が共通になされたとき、驚くほど速く生物多様性保全が進むと期待しています。

おわりに

幼かったころのある日、私はティラノサウルスになりきって自宅の居間を闊歩していました。テレビで見た《恐竜100万年》という映画に感化されたのです。《恐竜100万年》は、今から100万年前の地球を描いた映画で、劇中では原始的な生活を送る石器時代のヒトが恐竜と死闘を繰り広げます。なぜか私は主人公の男性ではなく、恐竜のほうに感情移入してしまいました。

そのころの私は幼かったとはいえ、遠い昔のご先祖様が原始的な生活を送っていたことや、今は絶滅してしまった恐竜が、はるか昔には地球上を跋扈していたことくらい知っていました。ただ残念なことに、それがいったいどれくらい前の出来事かはまったく理解していませんでした。当時の私にとっては、どちらも〝はるか昔のこと〟にざっくりとまとめられるものでした。「映画が描いている〝100万年〟はきっと、石器時代のヒトと恐竜が共存していた時代なのだ」と、何の疑いもなく映画の設定を受け入れたのです。

わざわざ確認する必要はないかもしれませんが、念のため《恐竜100万年》の時代考証をしておきましょう。ヒトが地球上に現れたのは20万年前のことですから、100万年前の地球にヒトがいるはずはありません。また、恐竜が絶滅したのは6600万年前のことですから、100

万年前よりもはるか昔に姿を消しています。両者が出会うことなど、ありえなかったということです。つまり、この映画は20万年前と6600万年前を〝はるか昔〟にひとくくりにまとめる、何ともトンデモな設定でつくられていたということです。

本書では繰り返し、生物多様性がおかれた絶望的な状況を最新の統計を用いながら紹介してきました。危機的な状況は十分に伝わったと思います。しかし一方で、生物多様性は依然としてぼんやりしていて、その重要性にいたっては〝はらわたの感覚（gut feeling）〟を伴わない、雲をつかむような不思議な感覚を覚えていませんか？　理性的には生物多様性の重要性はわかるのだけれども、感覚がついてこない……という感じです。

こうした感覚を覚えるのは、どうやらあなただけではないようです。人類は共通して、生物多様性を理解することがヘタらしいのです。第5章冒頭で紹介したとおり、生物多様性はしっかりと定義されているものの、それを具体的に思い浮かべようとするとうまくいかず、曖昧でぼんやりとしてしまいます。直感を伴いながら、腹落ちして理解することが難しい対象であることに気がつくでしょう。

米ライス大学の現代哲学の教授、ティモシー・モートンは、なぜ人類は生物多様性を腹落ちして理解するのが苦手なのかを考察しています。[115]　彼の答えは、「生物多様性が〝ハイパー・オブジェクト〟だから」です。

ハイパー・オブジェクトとは、人間を取り囲む形で確実に存在しているものの、人間の認知をはるかに超える巨大な時空間をもつため、人間が知覚することは極めて困難なものを指します。人間はその能力的な限界のため、巨大な広がりをもつハイパー・オブジェクトと対峙しようとしても、その一部のみに、間接的に接触することしかできません。結局、入手可能な断片的な情報からハイパー・オブジェクトの全体像を想像することになります。しかし、対象が大きすぎることと、それに対して人間がアクセスできる領域が極めて小さいため、全体像を想像することすらかなわないのです。

ハイパー・オブジェクトは動的でもあります。時間とともに対象は移ろいますが、その時間的スケールが雄大すぎて、人類には止まっているようにしか見えません。

ハイパー・オブジェクトをイメージするためには、別の例を挙げたほうがわかりやすいかもしれません。典型的なハイパー・オブジェクトである〝種〟や〝進化〟を考えてみましょう。

進化とは、世代を経ることで、生き物の形質が変化していく現象を指します。そして、進化が積み重なり、ついには古い種から新しい種が誕生すると考えられています。ただ、形質の変化のスピードがあまりにゆっくりとしているので、数世代経たくらいでは、進化（数世代前と現世代の形質の違い）を実感することは人間にはほとんどできません。何も変わっていないようにしか見えないということです。とはいえ、進化が幻想というわけでもありません。何千、何万世代も隔てた世代の生物どうしを見比べれば、明らかな形質の違い（この間の進化）や種分化を確認することができるのです。

生物多様性の時間軸は、進化と比べてもさらに長大です。進化が幾重にも積み重なった結果が生物多様性なのですから。生物は40億年前に生まれ、40億年かけて現在の生物多様性を生み出しました。一方、私たち人間は時間的には非常に近視眼的で、10年前の記憶さえあやふやです。1000年よりも遠い昔となると、記憶に頼れない未知の領域です。1000年前ならば書物に記録が残されていることがありますが、1万年もさかのぼるとそれもかないません。幼いころの私が20万年前と6600万年前を〝はるか昔〟という同じくくりに入れてしまったのも、ヒトの認知能力を考えれば仕方がないことだったかもしれません。この認知能力の制約のため、40億年という想像を絶する長い時間をもってつくられた生物多様性は、まさに人知を超えた存在、ハイパー・オブジェクトになっているのです。

では、人類の想像力をはるかに超えた生物多様性とどう付き合っていけばいいのでしょうか？これは、答えるのが非常に難しい課題といわざるをえません。まずは、人類は生物多様性を理解するのがヘタなんだと認めることからはじめるべきでしょう。

そしてそのうえで、短絡的な答えを求めずに、忍耐強く思考し続けることが肝要になります。拙速にすると、「結局、人類がいることが悪いんだ。人類が滅べば解決するはずだ」と、サノスの思想に似た極端な考え方になったり、「生物多様性はよくわからないから無視しよう。人類の物質的な幸福だけを追求しよう」という、別の極端な考え方に振れたりしがちです。そうではなく、じっくりと時間をかけて、（永遠に腹落ちできない対象であるかもしれませんが）ゆっくりとでも理解を進めていくことが重要なのです。そしてその間、できる限り生物多様性を損なわないよう配慮した生活を送り続けることしかないと思います。

末筆になりましたが、講談社サイエンティフィクの渡邉拓さんに編集を担当していただきました。渡邉さんはつねに読者の視点に立ち、私の説明や文章表現のつたなさを指摘してくださいました。おかげで、ずいぶんと読みやすくなりました。カバーや章扉の素敵なイラストは、わたなべひかりさんに描いていただきました。本文のイラストはカモシタハヤトさんにお願いしました。装幀は next door design の相京厚史さんに手がけていただきました。この場を借りて心から謝意を表します。

Science, **282**, 1695-1698.

[92] Ralls, K. (1983). Extinction: lessons from zoos. In Schonewald-Cox, C. et al. (eds). *Genetics and Conservation: a Reference for Managing Wild Animal and Plant Populations*. Benjamin/Cummings.

[93] IUCN（環境省 訳）(2013)．再導入とその他の保全的移殖に関するガイドライン．https://www.env.go.jp/content/900491553.pdf

[94] Beck, B.B. et al. (1994). Reintroduction of captive-born animals. In Olney, P.J.S. et al. (eds). *Creative Conservation*. Springer.

[95] Berger, J. (1990). Persistence of different-sized populations: an empirical assessment of rapid extinctions in bighorn sheep. *Conserv. Biol.*, **4**, 91-98.

[96] Fischer, J. & Lindenmayer, D.B. (2000). An assessment of the published results of animal relocations. *Biol. Conserv.*, **96**, 1-11.

[97] IPBES (2016). *The assessment report of the Intergovernmental Science-Policy Platform on Biodiversity and Ecosystem Services on pollinators, pollination and food production*. IPBES Secretariat.

[98] ウィルソン，E.O.（大貫昌子・牧野俊一 訳）(1995)．『生命の多様性 I』岩波書店．

[99] Van Klink, R. et al. (2020). Meta-analysis reveals declines in terrestrial but increases in freshwater insect abundances. *Science*, **368**, 417-420.

[100] Hallmann, C.A. et al. (2017). More than 75 percent decline over 27 years in total flying insect biomass in protected areas. *PLoS ONE*, **12**, e0185809.

[101] Millennium Ecosystem Assessment (2005). *Ecosystems and Human Well-being*. Island Press.

[102] Díaz, S. et al. (2018). Assessing nature's contributions to people. *Science*, **359**, 270-272.

[103] Egusa, T. et al. (2020). Carbon stock in Japanese forests has been greatly underestimated. *Sci. Rep.*, **10**, 7895.

[104] Tilman, D. et al. (2002). Plant diversity and composition: effects on productivity and nutrient dynamics of experimental grassland. In Loreau, M. et al. (eds). *Biodiversity and Ecosystem Functioning. Synthesis and Perspectives*. Oxford University Press.

[105] エーリック，P.・エーリック，A.（戸田清ほか 訳）(1992)．『絶滅のゆくえ』新曜社．

[106] Walker B.H. (1992). Biodiversity and ecological redundancy. *Conserv. Biol.*, **6**, 18-23.

[107] Connell, J.H. (1961). The influence of interspecific competition and other factors on the distribution of the barnacle *Chthamalus Stellatus*. *Ecology*, **42**, 710-723.

[108] ビアー，A.J. ほか（自然環境研究センター 監訳）(2008)．『絶滅危惧動物百科10』朝倉書店．

[109] 宮沢賢治 (1966)．『銀河鉄道の夜』岩波文庫．

[110] Duggins, O.D. (1980). Kelp beds and sea otters: an experimental approach. *Ecology*, **61**, 447-453.

[111] Dobson, A. & Crawley, M. (1994). Pathogens and the structure of plant communities. *Trends Ecol. Evol.*, **9**, 393-398.

[112] Estes, J.A. et al. (1998). Killer whale predation on sea otters linking oceanic and nearshore ecosystems. *Science*, **282**, 473-476.

[113] Gregr, E.J. et al. (2020). Cascading social-ecological costs and benefits triggered by a recovering keystone predator. *Science*, **368**, 1243-1247.

[114] シンガー，P.（戸田清 訳）(2011)．『動物の解放 改訂版』人文書院．

[115] Morton, T. (2013). *Hyperobjects: Philosophy and Ecology after the End of the World*. University of Minnesota Press.

https://www.env.go.jp/press/110760.html
[62] Jablonski, D. & Raup, D.M. (1995). Selectivity of end-Cretaceous marine bivalve extinctions. *Science*, **268**, 389-391.
[63] Turvey, S.T., et al. (2007). First human-caused extinction of a cetacean species?. *Biol. Lett.*, **3**, 537-540.
[64] ホイットモア，T.C.（熊崎実・小林繁男 監訳）（1993）.『〈熱帯雨林〉総論』築地書館.
[65] Simons, E.L. & Meyers, D.M. (2001). Folklore and beliefs about the aye aye (*Daubentonia madagascariensis*). *Lemur News*, **6**, 11-16.
[66] Smith, T.B., et al. (1995). Evolutionary consequences of extinctions in populations of a Hawaiian honeycreeper. *Conserv. Biol.*, **9**, 107-113.
[67] Alfred, R., et al. (2012). Home range and ranging behaviour of Bornean elephant (*Elephas maximus borneensis*) females. *PLoS ONE*, **7**, e31400.
[68] Both, C. & Visser, M.E. (2001). Adjustment to climate change is constrained by arrival date in a long-distance migrant bird. *Nature*, **411**, 296-298.
[69] Paul, S.M. & Klein R.G. eds. (1989). *Quaternary Extinctions: A Prehistoric Revolution. Reprint Edition.* University of Arizona Press.
[70] ウィットフィールド，J.（竹花秀春 訳）（2021）.『絶滅動物図鑑』日経ナショナルジオグラフィック.
[71] Fordham, D.A., et al. (2022). Process-explicit models reveal pathway to extinction for woolly mammoth using pattern-oriented validation. *Ecol. Lett.*, **25**, 125-137.
[72] Wang, Y., et al. (2021). Late Quaternary dynamics of Arctic biota from ancient environmental genomics. *Nature*, **600**, 86-92.
[73] Kleiman D.G., et al. (2003). *Grzimek's Animal Life Encyclopedia.* Gale.
[74] ダイアモンド，J.（楡井浩一 訳）（2005）.『文明崩壊 上』草思社.
[75] Orliac, C. & Orliac, M. (2000). The woody vegetation of Easter Island between the early 14th and the mid-17th centuries A.D. In Stevenson C. & Ayres. W. (eds). *Easter Island Archaeology: Research on Early Rapanui Culture.* Easter Island Foundation.
[76] Flenley, J.R. & King, S.M. (1984). Late quaternary pollen records from Easter Island. *Nature*, **307**, 47-50.
[77] Wilson, E.O. (1988). *Biodiversity.* National Academy Press.
[78] Tansley, A.G. (1935). The use and abuse of vegetational concepts and terms. *Ecology*, **16**, 284-307.
[79] 横山祐典（2018）.『地球46億年 気候大変動』講談社ブルーバックス.
[80] Allee, W.C. (1931). *Animal Aggregations, a Study in General Sociology.* University of Chicago Press.
[81] Kenward, R.E. (1978). Hawks and doves: factors affecting success and selection in goshawk attacks on woodpigeons. *J. Anim. Ecol.*, **47**, 449-460.
[82] Mace, R.D. & Waller, J.S. (1998). Demography and population trend of grizzly bears in the Swan Mountains, Montana. *Conserv. Biol.*, **12**, 1005-1016.
[83] Avise, J.C. & Nelson, W.S. (1989). Molecular genetic relationships of the extinct dusky seaside sparrow. *Science*, **243**, 646-648.
[84] Lacy, R.C. (1987). Loss of genetic diversity from managed populations: interacting effects of drift, mutation, immigration, selection, and population subdivision. *Conserv. Biol.*, **1**, 143-158.
[85] リドレー，M（長谷川真理子 訳）（2014）.『赤の女王』ハヤカワ文庫.
[86] Clancy, S. (2008). Genetic mutation. *Nature Education*, **1**, 187.
[87] Piel, F.B., et al. (2010). Global distribution of the sickle cell gene and geographical confirmation of the malaria hypothesis. *Nat. Commun.*, **1**, 104.
[88] Allison, A.C. (1954). Protection afforded by Sickle-cell trait against subtertian malarial infection. *BMJ*, **1**, 290-294.
[89] O'Brien, S.J. et al. (1985). Genetic basis for species vulnerability in the cheetah. *Science*, **227**, 1428-1434.
[90] Maynard-Smith, J. (1978). *The Evolution of Sex.* Cambridge University Press.
[91] Westemeier, R.L. et al. (1998). Tracking the long-term decline and recovery of an isolated population.

https://www.biodic.go.jp/biodiversity/about/initiatives/index.html
[36] 山田俊弘・奥田敏統（2014）．広島県宮島の常緑広葉樹林における植物の分布と地形．*広島大学大学院総合科学研究科紀要 II 環境科学研究*，**9**，19-28.
[37] 北沢右三（1973）．『土壌動物生態学（生態学講座14）』共立出版.
[38] 岩崎佳生理ら（2017）．カメラトラップを用いた赤坂御用地におけるホンドタヌキの個体数推定．*フィールドサイエンス*，**15**，49-55.
[39] 中島啓裕ら（2000）．シカの増加がもたらす湿原生態系への直接・間接効果の把握と影響緩和のための方策の検討．*自然保護助成基金助成成果報告書*，**28**，88-97.
[40] Pimm, S.L. & Raven, P. (2000). Extinction by numbers. *Nature*, **403**, 843-845.
[41] Myers, N., et al. (2000). Biodiversity hotspots for conservation priorities. *Nature*, **403**, 853-858.
[42] コンサーベーション・インターナショナル・ジャパンWebサイト
https://www.conservation.org/japan/biodiversity-hotspots#;~:text
[43] Central Intelligence Agency (2021). *The World Factbook 2021*.
https://www.cia.gov/the-world-factbook/field/roadways/
[44] やんばる野生生物保護センター ウフギー自然館Webサイト． https://www.ufugi-yambaru.com/
[45] Yamada, T., et al. (2014). Impacts of logging road networks on dung beetles and small mammals in a Malaysian production forest: implications for biodiversity safeguards. *Land*, **3**, 639-657.
[46] 青柳純（2003）．『ブラックバスがいじめられるホントの理由：環境学的視点から外来魚問題解決の糸口を探る』つり人社．
[47] Loss, S.R., et al. (2013). The impact of free-ranging domestic cats on wildlife of the United States. *Nat. Commun.*, **4**, 1-8.
[48] 日本生態学会 編（2002）．『外来種ハンドブック』地人書館.
[49] Maeda, T., et al. (2019). Predation on endangered species by human-subsidized domestic cats on Tokunoshima Island. *Sci. Rep.*, **9**, 1-11.
[50] Lowe, S. et al., (2000). *100 of the World's Worst Invasive Alien Species: A Selection from the Global Invasive Species Database*. Invasive Species Specialist Group.
[51] 環境省（2016）．全国の野外におけるアカミミガメの生息個体数等の推定について．環境省Webサイト，報道発表一覧． https://www.env.go.jp/press/102422.html
[52] 羽山伸一（2017）．ツシマヤマネコ（*Prionailurus bengalensis euptilurus*）におけるFIVおよびFeLV感染症制御のためのイエネコ対策について〈獣医疫学の視点から〉．*獣医疫学雑誌*，**21**，101-104.
[53] 牧野富太郎（1904）．日本ノたんぽぽ．*植物学雑誌*，**18**，92-93.
[54] Takakura, K.-I., et al. (2009). Alien dandelion reduces the seed-set of a native congener through frequency-dependent and one-sided effects. *Biol. Invasions*, **11**, 973-981.
[55] Eldridge, D.J. & Myers, C.A. (2001). The impact of warrens of the European rabbit (*Oryctolagus cuniculus* L.) on soil and ecological processes in a semi-arid Australian woodland. *J. Arid Environ.*, **47**, 325-337.
[56] Stirling, I., et al., (1999). Long-term trends in the population ecology of Polar Bears in Western Hudson Bay in relation to climatic change. *Arctic*, **52**, 294-306.
[57] Smith, A.T. (1974). The distribution and dispersal of pikas: influences of behavior and climate. *Ecology*, **55**, 1368-1376.
[58] Beever, E.A. et al. (2003). Patterns of apparent extirpation among isolated populations of pikas (*Ochotona princeps*) in the Great Basin. *J. Mammal*, **84**, 37–54.
[59] Hoegh-Guldberg, O., et al. (2018). Impacts of 1.5ºC global warming on natural and human systems. In Masson-Delmotte, V, et al. (eds). *Global Warming of 1.5ºC. An IPCC Special Report*. IPCC Secretariat, 175-311.
[60] 環境省自然環境局 生物多様性センター．自然環境保全基礎調査.
https://www.biodic.go.jp/kiso/fnd_list_h.html
[61] 環境省（2022）．全国のニホンジカ及びイノシシの個体数推定等の結果について（令和3年度）.

参考文献・Webサイト

[1] Haeckel, E.H. 1866. Generelle Morphologie der Organismen. 2 Bde. Berlin.

[2] フラー，B.（芹沢高志 訳）(2000).『宇宙船地球号操縦マニュアル』ちくま学芸文庫.

[3] McEvedy, C. & Jones, R. (1978). *Atlas of World Population History*. Penguin Books.

[4] United Nations. World Population Prospects 2022. https://population.un.org/wpp/

[5] Food and Agriculture Organization of the United Nations. FAOSTAT. https://www.fao.org/faostat/en/#home

[6] マクニール，J.R.（海津正倫・溝口常俊 監訳）(2011).『20世紀環境史』名古屋大学出版会.

[7] マティース，W.，リース，W.（和田喜彦 監訳）(2004).『エコロジカル・フットプリント』合同出版.

[8] Global Footprint Network. https://www.footprintnetwork.org/

[9] Harin, G. (1968). The tragedy of the commons. *Science*, **162**, 1243-1248.

[10] マンダニ，M.（自主講座人口論グループ 訳）(1976).『反「人口抑制の理論」』風濤社.

[11] Hardin, G. (1974). Lifeboat ethics. *Psychology Today*, **10**: 38-43.

[12] Ostrom, E. (1990). *Governing the Commons*. Cambridge University Press.

[13] Gagneux, P. et al. (1999). Mitochondrial sequences show diverse evolutionary histories of African hominoids. *Proc. Natl. Acad. Sci*, **96**. 5077-5082.

[14] ストラッチャン，T.，リード，A.（村松正實ほか 監訳）(2005).『ヒトの分子遺伝学 第3版』メディカル・サイエンス・インターナショナル.

[15] Marean, C.W. (2010). When the sea saved humanity. *Sci. Am.*, **303**, 54-61.

[16] エイビス，J.C.（西田睦・武藤文人 監訳）(2008).『生物系統地理学』東京大学出版会.

[17] 山田俊弘 (2020).『〈正義〉の生物学』講談社.

[18] Hughes, J. & Macdonald, D.W. (2013). A review of the interactions between free-roaming domestic dogs and wildlife. *Biol. Conserv.*, **157**, 341-351.

[19] O'Brien, S.J. & Johnson, W.E. (2007). The evolution of cats. *Sci. Am.*, **297**, 68-75.

[20] WWF (2022). *Living Planet Report 2022*.

[21] Bar-On, Y.M. et al. (2017). The biomass distribution on Earth. *Proc. Natl. Acad. Sci*, **115**, 6506-6511.

[22] Barnosky, A.D. (2008). Megafauna biomass tradeoff as a driver of Quaternary and future extinctions. *Proc. Natl. Acad. Sci*, **105**, 11543-11548.

[23] IUCN (2023). The IUCN Red List of Threatened Species. Version 2022-2. https://www.iucnredlist.org

[24] Mora, C. et al. (2011). How many species are there on Earth and in the ocean?. *PLoS Biol.*, **9**, e1001127.

[25] ダーウィン，C.（渡辺弘之 訳）(1994).『ミミズと土』平凡社.

[26] ファーブル，J-H.（奥本大三郎 訳）(1991).『ファーブル昆虫記 I：ふしぎなスカラベ』集英社.

[27] IPBES (2019). Global Assessment Report on Biodiversity and Ecosystem Services of the Intergovernmental Science-Policy Platform on Biodiversity and Ecosystem Services. IPBES secretariat.

[28] Tollefson, J. (2019). Humans are driving one million species to extinction. *Nature*, **569**, 171.

[29] Sepkoski, J.J. (1984). A kinetic model of Phanerozoic taxonomic diversity. III. Post-Paleozoic families and mass extinction. *Paleobiology*, **10**, 246-267.

[30] Raup, D.M. (1976). Species diversity in the Phanerozoic: an interpretation. *Paleobiology*, **2**, 289-297.

[31] Raup, D.M. & Sepkoski, J.J. (1982). Mass extinctions in the marine fossil record. *Science*, **215**, 1501-1503.

[32] Barnosky, A.D., et al. (2011). Has the Earth's sixth mass extinction already arrived?. *Nature*, **471**, 51-57.

[33] Maxwell, S.L., et al. (2016). Biodiversity: The ravages of guns, nets and bulldozers. *Nature*, **536**, 143-145.

[34] Wilcove, D.S. et al. (1998). Quantifying threats to imperiled species in the United States. *BioScience*, **48**, 607-615.

[35] 環境省 (2012).「生物多様性国家戦略2012-2020」

ま

や

ら

わ

た

な

は

さ

索　引

アルファベット

あ

か

著者紹介

山田《やまだ》 俊弘《としひろ》 博士（理学）

1969年生まれ。広島大学大学院統合生命科学研究科教授。幼いころからの生き物好きが高じて、研究の道へ。多様な生き物たちの生態を調べるため、熱帯林を訪れること多数。現在の研究テーマは生物多様性、熱帯林保護。2015年、日本生態学会大島賞、2019年、広島大学教育賞受賞。著書に『温暖化対策で熱帯林は救えるか』（分担執筆）、『論文を書くための科学の手順』（いずれも文一総合出版）、『絵でわかる進化のしくみ』、『〈正義〉の生物学』（いずれも講談社）がある。

〈絶望《ぜつぼう》〉の生態学《せいたいがく》
軟弱《なんじゃく》なサルはいかにして最悪《さいあく》の「死神《しにがみ》」になったか

■二〇二三年四月二五日　第一刷発行
■著者──山田《やまだ》俊弘《としひろ》
■発行者──髙橋明男
■発行所──株式会社講談社
東京都文京区音羽二─一二─二一
郵便番号一一二─八〇〇一
販　売　〇三─五三九五─四四一五
業　務　〇三─五三九五─三六一五
■編集──株式会社講談社サイエンティフィク
代表　堀越俊一
東京都新宿区神楽坂二─一四　ノービィビル
郵便番号一六二─〇八二五
編　集　〇三─三二三五─三七〇一
■本文データ制作──美研プリンティング株式会社
■印刷所──株式会社平河工業社
■製本所──株式会社国宝社

KODANSHA

ISBN978-4-06-531133-2　NDC468 287p 19cm